Ismit Mado

Modelowanie i stosowanie DSARIMY

Ismit Mado

Modelowanie i stosowanie DSARIMY

do Prognozowania Obciążenia Elektrycznego w Gresik City, Indonezja

Wydawnictwo Bezkresy Wiedzy

Imprint
Any brand names and product names mentioned in this book are subject to trademark, brand or patent protection and are trademarks or registered trademarks of their respective holders. The use of brand names, product names, common names, trade names, product descriptions etc. even without a particular marking in this work is in no way to be construed to mean that such names may be regarded as unrestricted in respect of trademark and brand protection legislation and could thus be used by anyone.

Cover image: www.ingimage.com

This book is a translation from the original published under ISBN 978-620-0-48074-3.

Publisher:
Wydawnictwo Bezkresy Wiedzy
is a trademark of
Dodo Books Indian Ocean Ltd., member of the OmniScriptum S.R.L Publishing group
str. A.Russo 15, of. 61, Chisinau-2068, Republic of Moldova Europe
Printed at: see last page
ISBN: 978-620-0-81319-0

Modelowanie i zastosowanie DSARIMY do prognozowania obciążenia elektrycznego

Studium przypadku zapotrzebowania klientów na energię elektryczną w Gresik City, Indonezja

Ismit Mado

przeznaczony dla
mój ojciec i matka

Spis treści

APRECYZYJNE

Cała pochwała należy się Bogu SWT za wasze wskazówki i dary, tak aby ta książka była przed czytelnikiem.

Dziękuję za wkład naukowy podczas studiów doktoranckich w Instytucie Technologii Sepuluh Nopember, Surabaya, Indonezja. Adi Soeprijanto i panu Suhartono.

Moi rodzice, którzy prowadzili mnie całkowicie z potem i łzami, Tobias Todo i Hj. Mardalena. Dziękuję mojej żonie, Sukmawaty Arisa Gustinie za jej cierpliwość. Moje dziecko, Ganang Utara Alamsyah, Ratu Aisyah, Kartika Sukmadewi i Mawlana Hakeem.

Dziękuję za dotychczasowe wsparcie i współpracę, kolegom doktorom, współpracownikom i asystentom w Laboratorium Systemów Energetycznych i Symulacji, Elektrotechniki w Instytucie Technologii Sepuluh Nopember, Surabaya, Indonezja.

Dziękuję rektorowi Uniwersytetu Borneo Tarakan w Indonezji i jego pracownikom, dziekanowi inżynierii, kolegom z Wydziału Elektrycznego Uniwersytetu Borneo Tarakan w Indonezji.

Szczególne podziękowania dla Wydawnictwa Akademickiego LAMBERT i zespołu za wydanie tej książki.

Tarakan, 19 marca 2020 r.

Z wyrazami szacunku

1

OVERVIEW

1.1 WPROWADZENIE

Głównym czynnikiem, który jest bardzo ważny w dystrybucji i zasilaniu systemów wytwarzania energii elektrycznej, jest charakterystyka obciążenia elektrycznego. Obciążenie jest to moc elektryczna zużywana przez użytkowników energii elektrycznej. Obciążenie elektryczne nie może być dokładnie obliczone. Obciążenie prądem elektrycznym zależy od potrzeb klienta. W rzeczywistości wytworzona lub wyprodukowana energia elektryczna musi być zawsze taka sama, jak zużyta energia elektryczna. Jeśli dostarczona moc jest większa, oznacza to straty energii. A jeśli dostarczona moc jest mniejsza, to nastąpi przeciążenie. Ten stan będzie miał wpływ na awarię zasilania. Oznacza to, że ilość wytwarzanej energii elektrycznej musi być zbilansowana lub nie może odbiegać zbytnio od wartości nominalnej zapotrzebowania na energię elektryczną w centrum obciążenia. W rzeczywistości, zużycie energii elektrycznej ma tendencję do zmiany w dowolnym momencie. Z tego powodu konieczne jest analizowanie i przewidywanie wykorzystania energii elektrycznej, która jest w stanie utrzymać równowagę między dostawą a zużyciem energii elektrycznej w systemie wytwarzania energii elektrycznej. Dlatego też potrzebne są wzorce danych zbliżone do rzeczywistych warunków, które pomogą w podejmowaniu decyzji i tworzeniu polityki wykorzystania energii elektrycznej, która będzie bardziej efektywna i będzie w stanie utrzymać niezawodną stabilność systemu.

Działania związane z dystrybucją energii elektrycznej zawierają szereg ciągłych danych, które mogą tworzyć schematy charakterystyki obciążenia. Potrzebne są charakterystyki obciążenia okresu użytkowania zarówno w gospodarstwie domowym, handlowym, przemysłowym jak i publicznym, aby można było analizować wahania w systemie obciążenia. Zużycie energii elektrycznej, które zawsze się zmienia, w rzeczywistości tworzy ciągłą charakterystykę obciążenia w mierzonym czasie lub jest szeregiem czasowym. Analiza szeregów czasowych w statystyce została wprowadzona po raz pierwszy w 1970 roku przez Goerge'a E. P. Boxa i Gwilyma M. Jenkinsa. Tak więc analiza i prognozowanie zapotrzebowania na energię elektryczną w ośrodku obciążenia jest jednym z ważnych pierwszych kroków w planie pracy systemu elektroenergetycznego tak, aby system elektroenergetyczny był stabilny (Tsekouras i in., 2007). Planowanie pracy systemu elektroenergetycznego jest planem przygotowania pracy systemu elektroenergetycznego na określony czas. Na podstawie problemów, które muszą zostać rozwiązane, plan pracy systemu elektroenergetycznego jest podzielony na kilka planów pracy systemu elektroenergetycznego, a mianowicie: plany roczne, plany kwartalne, plany miesięczne, plany tygodniowe oraz plany dzienne. Plan pracy systemu elektroenergetycznego obejmuje zarządzanie, konserwację, eksploatację w systemie i urządzenia.

Dokładne przewidywanie nie tylko jest korzystne po stronie zapotrzebowania, ale także poprawia bezpieczeństwo systemów elektroenergetycznych, dokładność układania harmonogramów dostaw energii, planowanie remontów jednostek wytwórczych i ocenę niezawodności systemów elektroenergetycznych. Wysiłek ten ma na celu zagwarantowanie wartości ekonomicznej finansowania, niezawodności systemu oraz jakości systemu usług elektroenergetycznych, która jest korzystna dla środowiska użytkowników i rządu.

Odnosząc się do rozwiązywania problemów w funkcjonowaniu systemu elektroenergetycznego, prognozowanie energii elektrycznej dzieli się na: prognozy długoterminowe, średnio- i krótkoterminowe. Długoterminowa prognoza mocy elektrycznej jest wykorzystywana do planowania zapotrzebowania na moc szczytową oraz harmonogramów konserwacji systemu (McSharry i in., 2005). Średnioterminowe prognozy są potrzebne do planowania i eksploatacji systemów elektroenergetycznych (Gonzalez i in., 2006).

Natomiast prognozy krótkookresowe są potrzebne w sterowaniu i planowaniu pracy systemu elektroenergetycznego (Taylor i McSharry, 2007). Krótkoterminowe prognozy obciążenia, tj. godzinowe lub dobowe obciążenia wykorzystywane do planowania i sterowania systemami elektroenergetycznymi lub przydzielania rezerwowych generatorów obrotowych, są również wykorzystywane jako dane wejściowe w badaniach przepływu energii. Pierwszym bezwzględnym wymogiem, który musi zostać wdrożony, aby osiągnąć ten cel, jest znajomość przez przedsiębiorstwo energetyczne obciążenia lub zapotrzebowania na energię elektryczną w przyszłości. Dlatego krótko-, średnio- i długoterminowe prognozy obciążeń są ważnym zadaniem w planowaniu i eksploatacji systemu elektroenergetycznego.

Model predykcji szeregów czasowych jest trafnym wyborem i do tej pory ewoluował (Hahn i in., 2009). Badanie prognozowania zużycia energii elektrycznej na podstawie szeregów czasowych składa się z dwóch części. Po pierwsze, model predykcyjny oparty jest na statystycznych modelach matematycznych, takich jak średnia krocząca, wygładzanie wykładnicze, regresja i Box-Jenkins ARIMA. Po drugie, modele predykcyjne oparte na sztucznej inteligencji, takie jak sieci neuronowe, algorytmy genetyczne, symulowane wyżarzanie, programowanie genetyczne, klasyfikacja i hybryda. Niektóre badania szeregów czasowych oparte na matematyce statystycznej, takie jak (Hahn i in., 2009; Lora i in., 2004; Al-Hamadi i Soliman, 2005; Al-Hamadi i Soliman, 2004; Taylor, 2006; Soliman i Al-Kandari, 2010). Zastosowanie modelu Box-Jenkins ARIMA w statystycznych modelach matematycznych opracowano za pomocą wzorów sezonowych (Hassan i in., 2012; Mohamed i in., 2010a; Mohamed i in., 2010b; Suhartono, 2011). W przypadku modeli opartych na sztucznej inteligencji obawy budzą również takie badania jak (Pereira i in., 2015; Mamlook i in., 2009; Ramos i in., 2013; Kandil i in., 2006; AlRashidi i El-Naggar, 2010). Jeśli chodzi o model hybrydowy, został on opracowany w celu uzyskania najlepszych danych w badaniach prognozowania obciążenia elektrycznego, takich jak (Puspitasari i in., 2012; El Desouky i Elkateb, 2000; Nie i in., 2012; Liang i Cheng, 2000; Niu i in., 2009; Sunaryo i in., 2011; Srinivas i Jain, 2009; Çevik i Çunkaş, 2015).

Książka ta proponuje metodę ARIMA podwójnej sezonowości do prognozowania zużycia energii elektrycznej. Wybór statystycznych metod matematycznych oprócz rozważenia możliwości przetwarzania danych, które nie są stacjonarne i nieliniowe. Statystyczne modele matematyczne są również w stanie wytworzyć dane, które nie są uwzględnione w procesie kształcenia.

1.2 ZAKRES NINIEJSZEJ KSIĄŻKI

Zakres badany w tej książce to dynamika obciążenia elektrycznego wynikająca z wykorzystania cncrgii elektrycznej po stronie klienta. Zakres tej książki jest kontynuacją badań, które zostały opublikowane. Poza omówieniem prognozowania obciążenia elektrycznego, książka ta modeluje również dynamikę obciążeń elektrycznych. W elektrotechnice coraz bardziej rozwija się trend analizy szeregów czasowych. Oczekuje się, że istnienie tej książki będzie w stanie odpowiedzieć na wyzwania stojące przed naukowcami w zakresie prowadzenia badań prognozowania obciążeń i modelowania dynamiki obciążeń elektrycznych.

Na rysunku 1.1. przedstawiono schemat wykorzystania obciążenia elektrycznego co pół godziny w okresie trzech lat. Opracowanie będzie stanowić prognozę krótkotrwałego obciążenia w przyszłości dla potrzeb sterowania mocą elektryczną spowodowaną wahaniami mocy elektrycznej w centrum obciążenia. W książce zostaną również przeanalizowane wyniki przewidywań za pomocą opisowych metod analitycznych. Celem tej podstawowej analizy statystycznej będzie przegląd dynamiki obciążenia w określonej skali na podstawie charakterystyki obciążenia. Tendencja do wariantu zużycia energii elektrycznej w ośrodku obciążenia zostanie przedstawiona w różnych danych analitycznych. Dane użyte w tej książce są danymi należącymi do jednostki wytwórczej Państwowego Zakładu Energetycznego w Gresik w Indonezji. Widać, że wzorzec danych jest rodzajem wzorca poziomego i jest bardzo zmienny.

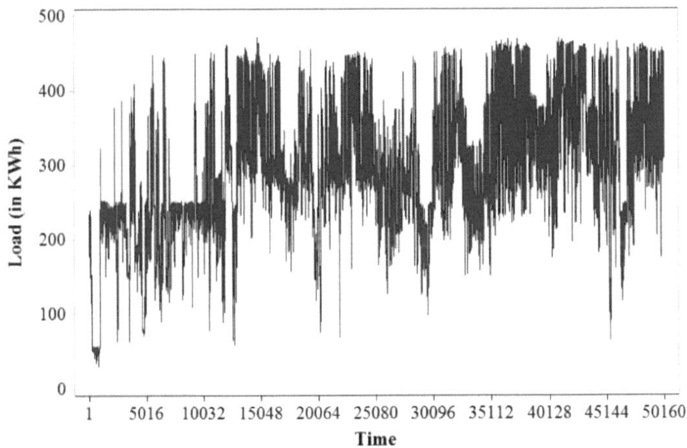

Rysunek 1.1 Dane dotyczące próbek

Rysunek 1.2 przedstawia dynamikę obciążenia, która może być wyjaśniona za pomocą statystycznych wzorów opisowych. Podejście to ma na celu opisanie wahań zużycia energii elektrycznej w środku obciążenia. Rysunek 1.2 (a) pokazuje dane dotyczące zużycia w pierwszym roku, rysunek 1.2 (b) pokazuje dane dotyczące zużycia w drugim roku, a rysunek 1.2 (c) pokazuje dane dotyczące zużycia w trzecim roku. Podczas gdy na rysunku 1.2 (d), jeden z wzorców został ponownie objaśniony, aby pokazać bardzo duży obszar wynikający z użytkowania.

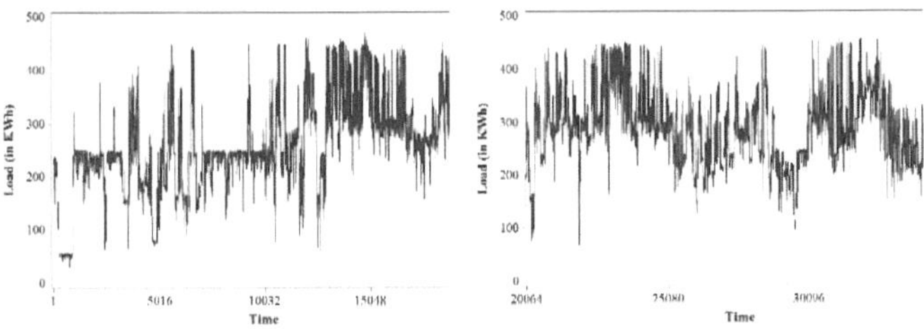

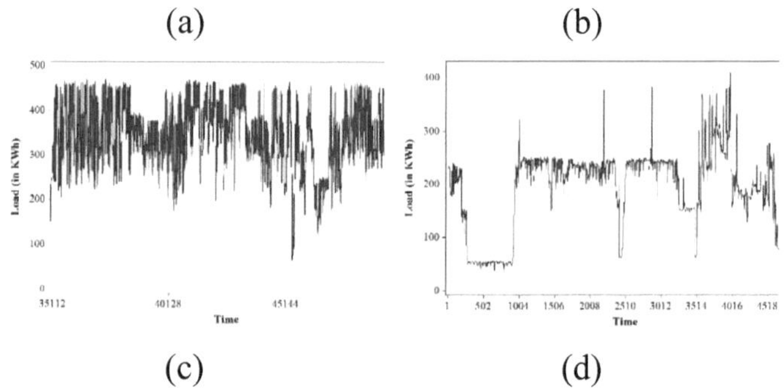

Rysunek 1.2 Wzorce próbek danych

Próbki danych pobrano od 1. do 50. danych. Tam, gdzie wydają się występować ekstremalne wahania w odstępach ± 200 KWh. Chociaż nie drastycznie, wydaje się oczywiste, że wahania w zapotrzebowaniu na energię elektryczną są bardzo zróżnicowane od czasu do czasu. Tendencja ta również się pojawi i może być dalej wyświetlana w tej książce ze względu na czynniki sezonowe. Wzorzec godzin użytkowania jest bardzo istotny i waha się w granicach 24 godzin dziennie. Wzór dzienny lub zdefiniowany jako zużycie w godzinach szczytu. Z tego powodu w rozdziale 2 tej książki zostaną wyjaśnione podstawowe pojęcia dotyczące wzorców i charakterystyki obciążeń elektrycznych. Skłonność obciążenia elektrycznego do zmian w dowolnym czasie w rzeczywistości tworzy wzorzec szeregów czasowych. W rozdziale 3 zostaną wyjaśnione podstawowe pojęcia metody szeregów czasowych. Metoda szeregów czasowych jest bardzo przydatna i odpowiednia do zastosowania w badaniach nad planowaniem pracy systemu elektroenergetycznego, który zawiera wzorce danych użytkowych w tym samym przedziale czasowym. Rozdział 3 będzie zawierał podstawową analizę szeregów czasowych składającą się z: podstawowych pojęć szeregów czasowych, stacjonarnych modeli szeregów czasowych, metod ARIMA. Rozdział 3 zawiera również opisowe metody analityczne, które są w stanie w prosty i unikalny sposób przedstawić dane w analizie obciążeń elektrycznych. W rozdziale 4 przedstawiono etap przewidywania obciążenia oparty na metodzie ARIMA wielokrotnej analizy sezonowej. Etap predykcji składa się z: etapu identyfikacji danych, etapu estymacji i testowania oraz etapu zastosowania modelu predykcyjnego. Metoda estymacji parametrów w modelu tymczasowym wykorzystuje metodę estymacji parametrów przy użyciu metody najmniejszych kwadratów. W rozdziale 5 omówione zostanie zastosowanie metod szeregów czasowych i etapów przewidywania obciążeń elektrycznych. Wynik predykcji obciążenia elektrycznego jest następnie wykorzystany do przedstawienia danych na podstawie opisowej analizy statystycznej. Łańcuchowanie obciążeń elektrycznych będzie przydatne do określenia schematu i sterowania, które zostanie przeprowadzone w późniejszym czasie w układzie wytwórczym. Wreszcie w rozdziale 6 zostaną zawarte wnioski i zalecenia do dalszych badań, które zostaną opracowane w następnej książce.

2

ŁADUNEK ELEKTRYCZNY

2.1 PODSTAWOWA KONCEPCJA

System elektroenergetyczny jest systemem zasilania, który składa się z trzech głównych części, a mianowicie: centrum elektrowni, linii przesyłowej i systemu dystrybucji. Kanał systemu dystrybucyjnego to kanał zasilania elektrycznego, który łączy wszystkie obciążenia elektryczne, które są od siebie oddzielone. Obciążenie elektryczne jest to energia elektryczna zużywana przez użytkowników energii elektrycznej. Moc ma znaczenie jako energia jedności w czasie (Von Meier Alexander, 2006). W jednostce międzynarodowej moc elektryczna to W (Watt), która określa ilość energii elektrycznej, jaką źródło napięcia zużywa na przepływ prądu w jednostce czasu J/s (dżuli/sek). Wzór stosowany do obliczania mocy elektrycznej to: W (Watt), który określa ilość energii elektrycznej dostarczonej przez źródło napięcia na jednostkę czasu J/s (dżuli/sek).

$$P = \frac{W}{t}$$

(2.1)

Gdzie, P = moc (Watt)
W = wysiłek (Joule)
t = czas (sekunda)

Energia elektryczna jest różnicą pomiędzy obciążeniami elektrycznymi a elektrowniami, gdzie obciążenia elektryczne pochłaniają energię elektryczną, podczas gdy energia elektryczna generuje energię elektryczną. Źródła energii, takie jak napięcie elektryczne, będą wytwarzać energię elektryczną, podczas gdy podłączone do nich obciążenie będzie pochłaniać energię elektryczną. Innymi słowy, moc elektryczna to poziom zużycia energii w obwodzie elektrycznym. Bierzemy przykład z żarówek i grzejników. Lampa żarowa pochłania energię elektryczną, którą otrzymuje i zamienia ją na światło, podczas gdy grzałka zamienia pochłanianie energii elektrycznej na ciepło. Im większa jest wartość pochłanianej mocy tym większa jest jej konsumpcja.

Charakterystyka obciążeń elektrycznych w układach prądu zmiennego jest podzielona na 3 rodzaje obciążeń elektrycznych, a mianowicie

2.1.1 Obciążenie oporowe (*R*)

Obciążenie rezystancyjne jest to obciążenie, które składa się ze składników rezystywności tylko w omach. Takie jak lampy żarowe i obciążenia grzewcze. Ten typ obciążenia zużywa tylko obciążenia aktywne i ma taką samą moc jak jedno. Napięcie fazowe i prąd. Równanie mocy opornościowej jest następujące:

$$P = V \times I$$
(2.2)

Gdzie, P = moc (Watt)
V = napięcie (Volt)
I = prąd (Ampere)

Sinusoidalne przebiegi jednofazowego napięcia i prądu pokazano na rysunku 2.1 poniżej

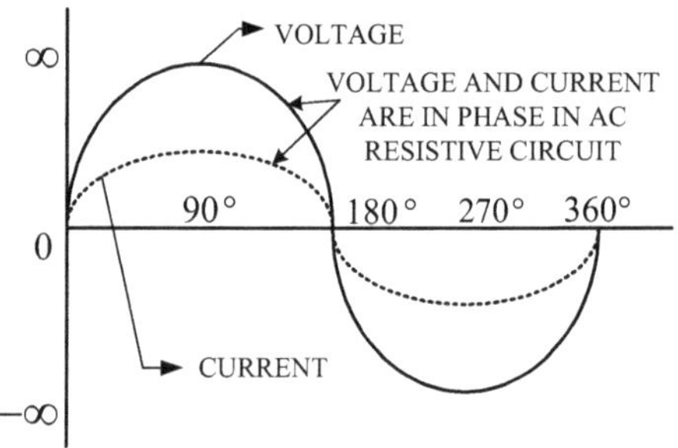

Rysunek 2.1 Obwód przemienny z falą oporową

Rysunek 2.2 Wykres napięcia i prądu przy obciążeniach rezystancyjnych

2.1.2 Obciążenie indukcyjne (*L*)

Obciążenie indukcyjne to obciążenie składające się z cewki z drutu owiniętej wokół rdzenia, takiego jak cewka, transformator i cewka elektromagnetyczna. Obciążenie to może prowadzić do przesunięcia fazowego w prądzie tak, że pozostaje on za fazą napięcia. Wynika to z energii zmagazynowanej w postaci pól magnetycznych. Ten rodzaj obciążenia absorbuje moc czynną i bierną. Równanie mocy czynnej dla obciążeń indukcyjnych jest następujące:

$$P = V \times I \times \cos\varphi \quad (2.3)$$

Gdzie, P = moc (Watt)
V = napięcie (Volt)
I = prąd (Ampere)
$\cos\varphi$ = kąt pomiędzy prądem a napięciem

Kształty przebiegu napięcia i prądu przedstawiono na rysunku 2.3 poniżej

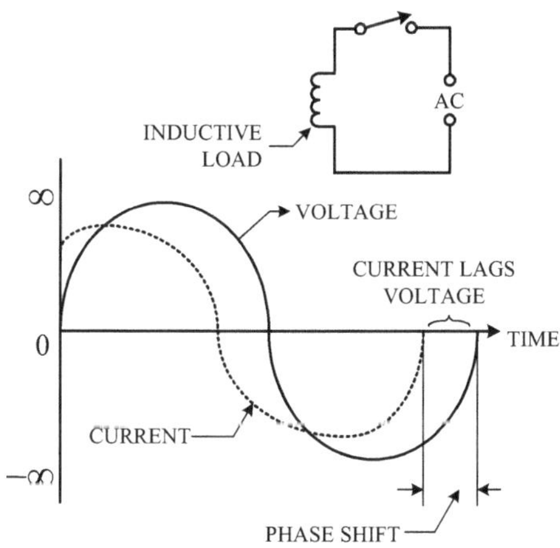

Rysunek 2.3 Obwód zmienny obwodu indukcyjnego

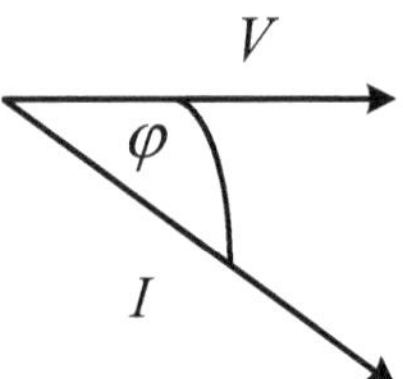

Rysunek 2.4 Wykresy napięcia i prądu przy obciążeniach indukcyjnych

Aby obliczyć ilość reaktancji indukcyjnej (X_L) stosowany jest następujący wzór:

$X_L = 2 \pi f L$
(2.4)

Gdzie, X_L = reaktancja indukcyjna
f = częstotliwość (Hz)
L= indukcyjność (Henry)

2.1.3 Obciążenie pojemnościowe (*C*)

Obciążenie pojemnościowe jest to obciążenie, które ma zdolność do pojemności lub zdolność do magazynowania energii, która pochodzi z ładowania elektrycznego w obwodzie. Ten element może powodować, że prąd przewodzi napięcie. Obciążenie to pochłania moc czynną i uwalnia moc bierną. Równanie mocy czynnej dla obciążeń pojemnościowych jest następujące:

$P = V \times I \times \cos \varphi$

Gdzie, P = moc (Watt)
V = napięcie (Volt)

I = prąd (Ampere)
cosφ = kąt pomiędzy prądem a napięciem

Kształty przebiegu napięcia i prądu przedstawiono na rysunku 2.5 poniżej.

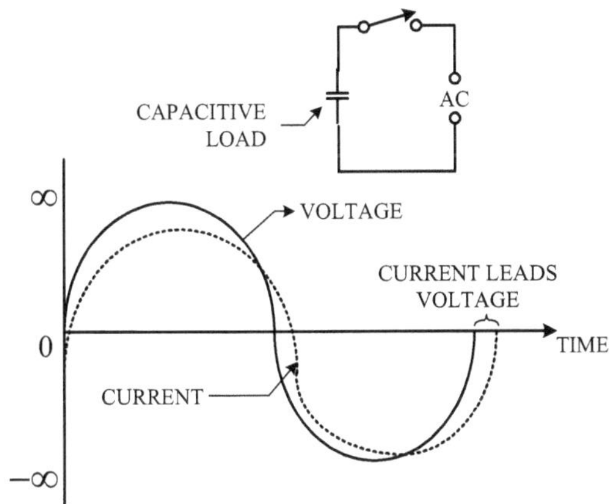

Rysunek 2.5 Obwód przemienny z falą pojemnościową

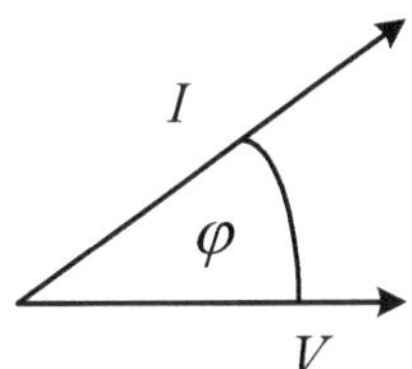

Rysunek 2.6 Wykresy napięcia i prądu przy obciążeniach pojemnościowych

Aby obliczyć wielkość reaktancji pojemnościowej (X_C) stosowany jest następujący wzór:

$$X_C = \frac{1}{2\pi f C} \qquad (2.5)$$

Gdzie, X_C = reaktancja pojemnościowa

f = częstotliwość (Hz)

C= pojemność (Farad)

2.2 RÓŻNE RODZAJE MOCY W AC

Współczynnik obciążenia z klasyfikacją obciążenia, która została wyjaśniona powyżej. Moc elektryczna przy napięciu zmiennym jest znana z trzech rodzajów mocy czynnej o symbolu (*P*) urządzenie jest watem (W), moc bierna o symbolu (*Q*) urządzenie jest woltoamperowe bierne (VAR) i moc pozorna o symbolu (*S*) urządzenie jest woltoamperowe (VA).

2.2.1 Moc czynna (*P*)

Moc aktywna to moc faktycznie potrzebna do obciążenia. Moc aktywna wynosi W (Watt) i może być mierzona za pomocą watomierza.

Moc czynna przy obciążeniach rezystancyjnych, które nie zawierają obciążeń indukcyjnych i pojemnościowych. Na przykład, rzeczywista moc używana do zasilania pieca elektrycznego. Energia elektryczna, która przepływa z sieci i do pieca elektrycznego, jest zamieniana na energię cieplną przez element grzewczy pieca.

Poniżej znajduje się aktywne równanie mocy (Von Meier Alexander, 2006)

$$P = V \times I \times \cos \varphi \text{ (1 faza)} \quad (2.6)$$

$$P = 3 \times V_L \times I_L \times \cos \varphi \text{ (3 faza)} \quad (2.7)$$

Gdzie, P = moc czynna (Watt)

V = napięcie (Volt)
I = prąd (Ampere)
cosφ = współczynnik mocy
V_L = napięcie sieciowe (Volt)
I_L = prąd sieciowy (Ampere)

Aby uzyskać więcej szczegółów, weźmy pod uwagę następujący wykres sinusoidalny.

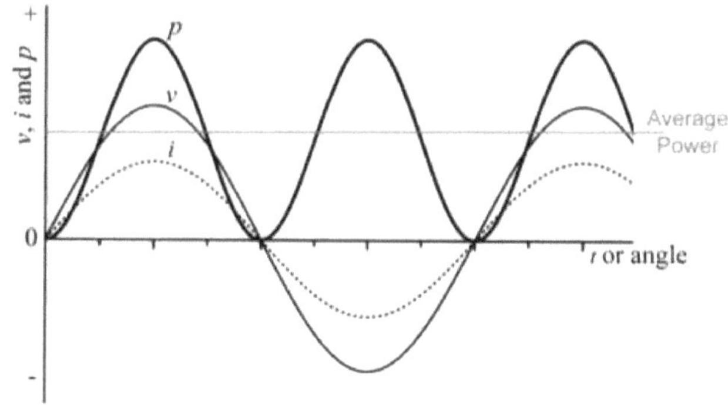

Rysunek 2.7 Fala prądowa, napięcie i moc elektryczna

Powyższy wykres jest wykresem fal prądu przemiennego z czystymi obciążeniami rezystancyjnymi. Wygląda na to, że fale prądowe i napięciowe są w tej samej fazie (0°) i nic nie wyprzedza siebie jak obciążenia indukcyjne i pojemnościowe. Innymi słowy, wartość współczynnika mocy (Cos φ) jest 1) Tak więc przy zastosowaniu powyższego wzoru na moc, wartość mocy elektrycznej w jednym konkretnym punkcie położenia sieci ma zawsze wartość dodatnią i tworzy falę jak na rysunku 2.7 powyżej.

Ta zawsze dodatnia wartość mocy wskazuje, że 100% mocy płynie w kierunku obciążenia elektrycznego i nie ma przepływu wstecznego w kierunku generatora. Jest to moc czynna, czysta moc pochłaniana przez obciążenia rezystancyjne, moc, która oznacza obecność energii elektrycznej jest zamieniana na inną energię przy obciążeniach rezystancyjnych. Moc aktywna efektywnie generuje rzeczywistą pracę po stronie obciążenia elektrycznego.

2.2.2 Moc reaktywna (*Q*)

Moc reaktywna jest to moc potrzebna do wytworzenia pola magnetycznego w cewkach indukcyjnych. Podobnie jak na przykład w indukcyjnym silniku elektrycznym, pole magnetyczne wytwarzane przez moc bierną w cewce stojana służy do indukowania wirnika w taki sposób, że w jego składowej powstaje indukowane pole magnetyczne. W transformatorze moc bierna służy do generowania pola magnetycznego w cewce pierwotnej, tak że pierwotne pole magnetyczne indukuje cewkę wtórną.

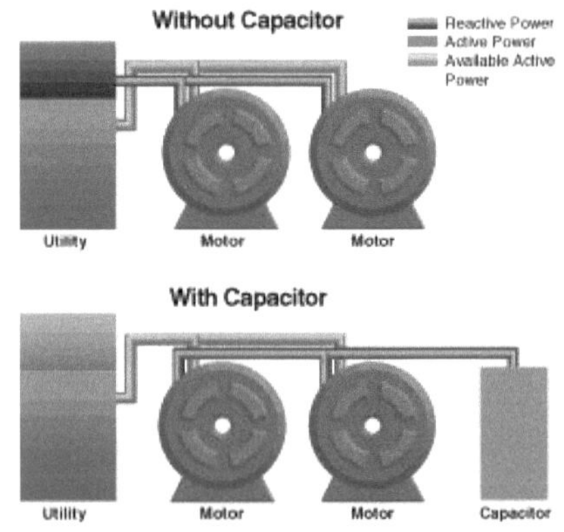

Rysunek 2.8 Ilustracja mocy biernej

Źródło: https://www.galco.com/circuit/harmon.htm

Moc reaktywna jest pochłaniana przez obciążenia indukcyjne, ale zamiast tego jest wytwarzana przez obciążenia pojemnościowe. Urządzenia pojemnościowe, takie jak lampy fluorescencyjne, baterie kondensatorów, wytwarzają tę moc bierną. Moc reaktywna jest również przenoszona przez elektrownię. Na rysunku 2.8 powyżej widać, że na pierwszym zdjęciu moc bierna potrzebna do pracy silnika elektrycznego dostarczana jest przez układ wytwarzający. Natomiast na drugim rysunku zapotrzebowanie na moc bierną jest zaspokajane przez kondensator, dzięki czemu całkowita moc ponoszona przez sieć energetyczną zostaje zmniejszona.

Moc bierna posiada jednostki w postaci woltowych amperów biernych (VAR). Poniżej przedstawiono równanie mocy biernej (Von Meier Alexander, 2006)

$Q = V \times I \times \sin \varphi$ (1 faza) (2.8)

$Q = 3 \times V \times I \times \sin \varphi$ (3 faza) (2.9)

Gdzie, Q = moc odzyskiwana (VAR)
V = napięcie (Volt)
I = prąd (Ampere)
$\sin\varphi$ = współczynnik mocy
V_L = napięcie sieciowe (Volt)
I_L = prąd sieciowy (Ampere)

Moc bierna to moc wyimaginowana, która pokazuje zmianę sinusoidalnych wykresów prądu i napięcia elektrycznego na skutek obciążeń biernych. Moc bierna ma taką samą funkcję jak współczynnik mocy lub również (Cos φ) Liczby. Moc reaktywna lub współczynnik mocy będzie miał wartość (≠ 0) jeżeli występuje przesunięcie w sinusoidalnym wykresie napięcia lub prądu elektrycznego, tj. gdy obciążenie elektryczne jest indukcyjne lub pojemnościowe.

Nawet jeśli moc bierna jest tylko "wyimaginowaną" mocą, kontrolowanie mocy biernej w systemie sieci dystrybucji energii elektrycznej prądu przemiennego jest bardzo ważne. Nie można tego oddzielić od wpływu obciążeń biernych na stan sieci elektrycznej. Obciążenie pojemnościowe, które czasowo przechowuje napięcie, zwykle powoduje, że wartość napięcia sieci jest wyższa niż powinna. Obciążenie indukcyjne, które pochłania prąd elektryczny, powoduje spadek napięcia w sieci. Zmiana napięcia w sieci ma bardzo niekorzystny wpływ na proces dystrybucji energii elektrycznej od wytwórców do odbiorców. Zmiany w napięciu sieciowym są bezpośrednio związane ze stratami w dystrybucji energii elektrycznej, takimi jak straty ciepła i emisje elektromagnetyczne, które powstają wzdłuż sieci dystrybucyjnej.

Im dalej wartość napięcia sieciowego od liczby, która powinna być, tym większe straty w dystrybucji energii elektrycznej i tym bardziej będzie zakłócać proces rzeczywistej dystrybucji energii. Tu właśnie bardzo ważna jest rola kontroli mocy biernej sieci elektrycznej.

2.2.3 Moc pozorna (*S*)

Pozorna moc jest wynikiem mnożenia się napięcia i prądu w sieci.

Moc pozorna to moc wytwarzana przez generator lub pochłaniana przez obciążenie. Jednostką mocy pozornej jest VA (Volt Ampere). Poniżej znajduje się równanie mocy pozornej:

$$S = V \times I \qquad (2.10)$$

Gdzie, S = moc pozorna (VA)
V = napięcie (Volt)
I = prąd (Ampere)

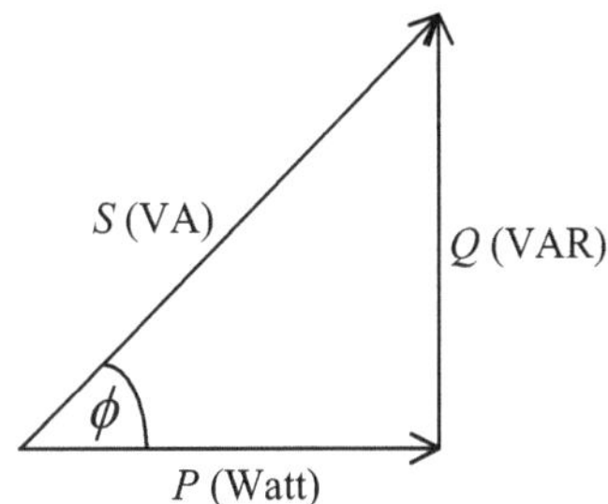

Rysunek 2.9 Trójkąt energetyczny

Zależność między mocą czynną, bierną i pozorną można zilustrować w postaci następującego kąta mocy trójkąta

Z równaniem trójkąta mocy (Von Meier Alexander, 2006):

$$S = \sqrt{P^2 + Q^2} \qquad (2.11)$$

2.3 KLASYFIKACJA OBCIĄŻENIA ELEKTRYCZNEGO

W zależności od rodzaju zużycia energii elektrycznej, zakres obciążeń elektrycznych jest podzielony na cztery kategorie: obciążenia domowe, obciążenia komercyjne, obciążenia przemysłowe i obciążenia obiektów użyteczności publicznej.

1. Obciążenia domowe, zazwyczaj obciążenia domowe w postaci lamp do oświetlenia, sprzętu gospodarstwa domowego, takiego jak wentylatory, podgrzewacze wody, lodówki, klimatyzatory, miksery, piece, silniki pomp wodnych i tak dalej. Obciążenie gospodarstw domowych zazwyczaj wzrasta w nocy.
2. Obciążenia komercyjne, zazwyczaj składające się z oświetlenia dla billboardów, wentylatorów, klimatyzatorów i innych urządzeń elektrycznych potrzebnych firmom, takim jak restauracje, hotele i biura. Obciążenie to drastycznie wzrasta w ciągu dnia na wydatki biurowe i zakupowe. Obciążenie to ma tendencję do zmniejszania się późnym popołudniem.
3. Obciążenia przemysłowe wyróżniają się w skali przemysłu małego i dużego. Małe zakłady przemysłowe działają zazwyczaj w ciągu dnia, podczas gdy systemy w dużych zakładach przemysłowych działają do 24 godzin.
4. Obciążenia obiektów użyteczności publicznej

Klasyfikacja ta jest bardzo ważna, jeśli chcemy przeprowadzić analizę charakterystyki obciążenia dla bardzo dużego systemu. Najbardziej zasadnicza różnica pomiędzy czterema powyższymi typami obciążeń, oprócz zastosowanej mocy i czasu obciążenia. Zużycie energii elektrycznej w obciążeniu domowym będzie bardziej dominujące rano i wieczorem, natomiast w obciążeniu komercyjnym bardziej dominujące po południu i wieczorem.

Zużycie energii w przemyśle będzie bardziej równomiernie rozłożone, ponieważ wiele gałęzi przemysłu pracuje w dzień i w nocy. Z tego punktu widzenia jest więc oczywiste, że zużycie energii elektrycznej w przemyśle będzie bardziej opłacalne, ponieważ krzywa obciążenia będzie bardziej równomiernie rozłożona. Natomiast obciążenie obiektów użyteczności publicznej jest bardziej dominujące w dzień i w nocy. Niektóre obszary eksploatacji energii elektrycznej mają swoje własne cechy, na przykład obszary turystyczne, klienci biznesowi mają wpływ na sprzedaż kWh, mimo że liczba klientów biznesowych jest znacznie mniejsza w porównaniu z klientami indywidualnymi.

2.4 OGÓLNA CHARAKTERYSTYKA OBCIĄŻENIA ELEKTRYCZNEGO

Głównym celem systemu dystrybucji energii elektrycznej jest dystrybucja energii elektrycznej z głównej bramy lub źródła do wielu odbiorców lub odbiorów. Najważniejszym głównym czynnikiem w planowaniu systemu dystrybucji jest charakterystyka różnych obciążeń elektrycznych.

Charakterystyka obciążenia elektrycznego jest niezbędna do prawidłowej analizy napięcia w systemie, termicznego efektu obciążenia oraz schematu obciążenia. Analiza ta jest uwzględniana przy określaniu wstępnych projekcji w następnym planie.

Charakterystyka obciążenia elektrycznego jest bardzo zależna od rodzaju obciążenia, jakiemu służy. Widać to wyraźnie na podstawie wyników zapisu krzywej obciążenia w danym przedziale czasu. Poniżej przedstawiono niektóre z czynników, które decydują o charakterystyce obciążenia w zależności od potrzeb niniejszego opracowania.

2.4.1 Współczynnik obciążenia

Współczynnik obciążenia jest to stosunek średniego obciążenia do obciążenia szczytowego mierzonego w danym okresie. Średnie obciążenie i obciążenie szczytowe mogą być wyrażone w kilowatogodzinach (KW), kilowatogodzinach (KVA) i tak dalej, ale jednostki obu muszą być takie same. Współczynnik obciążenia może być obliczany dla pewnego okresu, zwykle stosowanego w jednostkach dziennych, miesięcznych lub rocznych. Szczytowe obciążenie, o którym mowa w niniejszej książce, to chwilowe obciążenie szczytowe lub średnie obciążenie szczytowe w określonym przedziale czasu (maksymalne zapotrzebowanie). Ogólnie rzecz biorąc, maksymalne zapotrzebowanie wynosi 15 minut lub 30 minut. W niniejszym badaniu wykorzystuje się dane dotyczące obciążenia w odstępach 30-minutowych.

Definicja współczynnika obciążenia może być zapisana w poniższym równaniu:

$$\text{Współczynnik obciążenia } (L_f) = \frac{\text{średnie obciążenie w pewnym okresie}}{\text{obciążenie szczytowe w pewnym okresie}} \quad (2.12)$$

Średni współczynnik obciążenia w danym okresie obciążeń można odczytać z krzywej obciążeń. Natomiast do oszacowania wielkości współczynnika obciążenia w przyszłości można podejść do istniejących danych statystycznych, tak jak to uczyniono w niniejszym opracowaniu.

Po zastosowaniu w elektrowni, jest on sformułowany w następujący sposób

$$\text{Współczynnik obciążenia } (L_f) = \frac{L_{\text{Średnia}}}{L_{\text{Szczyt}}} = \frac{L_{\text{Średnia}}}{L_{\text{Szczyt}}} \times \frac{t}{t}$$

(2.13)

z, t= okres czasu

$L_{\text{rata-rata}}$ = średnie obciążenie w pewnym okresie, t

L p uncak – obciążenie szczytowe w pewnym okresie, t w odstępie czasu (15 minut lub 30 minut)

gdzie $L_{\text{Średnia}}$ oraz L_{Szczyt} w KW i t w godzinach.

Jeśli t jest w roku, uzyskuje się roczny współczynnik kosztów. Jeżeli w jednym miesiącu uzyskuje się miesięczny współczynnik obciążenia, jak również dzienny współczynnik obciążenia.

2.4.2 Obciążenie dzienne

Dzienne współczynniki obciążenia różnią się w zależności od charakterystyki powierzchni ładunkowej, niezależnie od tego, czy jest to gęsta strefa mieszkalna, strefa przemysłowa, handlowa czy też kombinacja różnych typów klientów.

Ten dzienny współczynnik obciążenia będzie miał również wpływ na warunki pogodowe i niektóre dni, takie jak wakacje itp.

2.4.3 Średni dzienny współczynnik obciążenia (Average Daily Load Factor)

Średni dzienny współczynnik obciążenia, przedstawiony na rysunku 2.10, jest podstawą całkowitego rocznego współczynnika obciążenia.

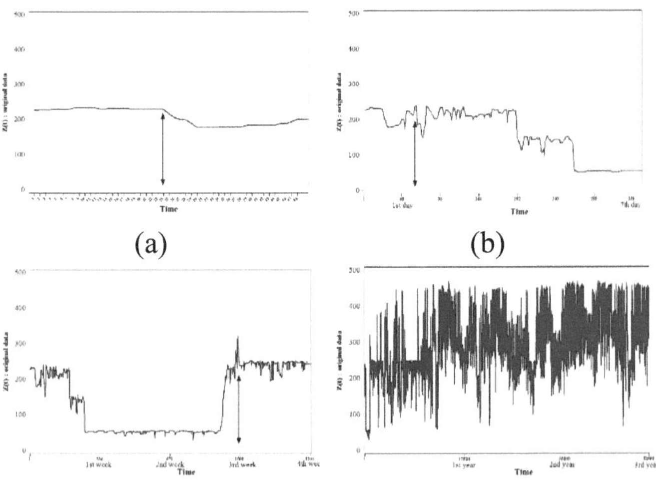

(c) (d)

Rys. 2.10 Dynamika obciążeń elektrycznych: (a) obciążenie dzienne; (b) obciążenie tygodniowe; (c) obciążenie miesięczne; (d) obciążenie roczne.
Źródło: symulacja danych dotyczących obciążenia badawczego przed ich przewidywaniem

Dane dotyczące obciążenia przedstawione na rysunku 2.10 to dane dotyczące obciążenia użytkowego, które zostaną wykorzystane jako następne dane dotyczące przewidywania obciążenia. Symulacja wydaje się być wykonana na dziennej skali danych (a) pokazującej horyzontalny trend modelowania, ale zawierającej sezonowe wzorce danych, jak pokazano w miesięcznych (c) i rocznych (d) wzorcach danych. Podczas gdy dane (b) pokazują wzorzec różnic w zużyciu energii elektrycznej w soboty i niedziele, które wydają się zmniejszać.

2.5 KRZYWA OBCIĄŻENIA I OBCIĄŻENIE SZCZYTOWE

Gęstość obciążenia jest zawsze wykorzystywana jako miara przy określaniu zapotrzebowania na energię elektryczną. Jednostkowa powierzchnia obciążenia może wynosić MVA / km2 lub KVA / m2. Generalnie stosowaną jednostką jest MVA / km2. Ta zmienność obciążenia jest zilustrowana na krzywej obciążenia, która posiada przedział czasowy pomiaru w oparciu o zapotrzebowanie lub wymagania dotyczące obciążenia u klienta.

2.5.1 Krzywa obciążenia

Krzywe obciążenia ilustrują zmienność obciążenia stacji mierzonego przez KW lub KVA w funkcji czasu. Przedziały czasowe pomiarów są zazwyczaj określane na podstawie wyników pomiarów, np. 30 minut, 60 minut, 1 dzień lub 1 tydzień.

Krzywe obciążenia wskazują zapotrzebowanie lub wymagania dotyczące obciążenia w różnych odstępach czasu. Za pomocą tej krzywej obciążenia możemy określić wielkość największego obciążenia, a następnie określić również moc wytwórczą. Skalę wyznaczania obciążenia szczytowego można także zilustrować na rysunku 2.10 (a) dla obciążenia co 30 minut na jego dziennej krzywej obciążenia.

2.5.2 Obciążenie szczytowe

Obciążenie szczytowe lub maksymalne zapotrzebowanie zdefiniowane jest jako największe zapotrzebowanie, które występuje w danym okresie. Niektóre okresy mogą mieć postać okresów dziennych, miesięcznych lub rocznych. Okres dzienny, tj. zmiany obciążenia transformatora dystrybucyjnego na jeden dzień. Co więcej, obciążenie szczytowe musi być interpretowane jako średnie obciążenie w określonym przedziale czasu, w przypadku możliwości wystąpienia takiego obciążenia. Na przykład dzienne obciążenie transformatora dystrybucyjnego, przy którym obciążenie szczytowe występuje w przedziale 1 godziny, tj. między 19:00 (pkt A) a 20:00 (pkt B). Średnia wartość krzywej A - B jest jego wartością szczytową.

Należy tu pamiętać, że szczytowe potrzeby nie są potrzebami chwilowymi, ale średnio w pewnym przedziale czasowym, zwykle pewien przedział czasowy wynosi 15 minut, 30 minut lub 1 godzinę. Charakterystyka obciążenia pomiędzy dniami wolnymi od pracy różni się od zwykłych dni, dlatego też mają one różne warianty obciążenia. Charakterystykę obciążenia można również rozróżnić na podstawie współczynnika obciążenia poza czasem obciążenia szczytowego, jak również na podstawie współczynnika obciążenia w czasie obciążenia szczytowego.

Potrzebujemy więc prognozowania obciążenia w celu przygotowania jednostek wytwórczych, które będą pracować. Gdy zapotrzebowanie na energię elektryczną wzrośnie, zostanie ono zrównoważone odpowiednimi dostawami energii elektrycznej, aby zapobiec przerwom w dostawie energii elektrycznej, w przeciwnym razie, jeśli zużycie energii elektrycznej spadnie, podaż energii elektrycznej zostanie ograniczona, aby nie dopuścić do nadmiernej podaży.

3

ANALIZA SZEREGÓW CZASOWYCH

3.1 WPROWADZENIE

Niniejszy rozdział opisuje modelowanie analizy szeregów czasowych za pomocą szeregu statystycznych odniesień naukowych. Podstawy teoretyczne w tej książce obejmują modelowanie obciążeń elektrycznych w oparciu o analizę szeregów czasowych, na które składają się: modelowanie obciążeń elektrycznych za pomocą analitycznego podejścia opisowego oraz przewidywanie obciążeń elektrycznych za pomocą metody podwójnej sezonowości ARIMA.

3.2 ANALIZA DANYCH SZEREGÓW CZASOWYCH

Zasadniczo każda wartość obserwacji (danych), może być zawsze powiązana z czasem obserwacji. Powiązanie to powoduje, że dane są traktowane jako funkcja czasu lub nazywane danymi szeregów czasowych. Szereg czasowy zawierający ten sam przedział czasowy w trakcie całej obserwacji można opisać w celu wyciągnięcia wniosków i przewidzieć. Opis tych danych w naukach statystycznych można podsumować liczbowo (np. obliczając średnie i odchylenia standardowe) lub graficznie (tabele lub wykresy). Analiza opisu ma na celu rzucenie okiem na dane, aby były one bardziej czytelne i znaczące. Analiza opisowa jest bardzo przydatna w badaniu obciążeń elektrycznych omawianych w tej książce, zarówno przed jak i po danych dotyczących przewidywanego obciążenia elektrycznego.

Etapy i procedury analizy danych przebiegają w następujący sposób: a) etap gromadzenia danych, przeprowadzany za pomocą instrumentów gromadzenia danych, b) etap edycji, czyli sprawdzenie jasności i kompletności wypełnienia instrumentów gromadzenia danych. c) etap kodowania, czyli proces identyfikacji i klasyfikacji każdego pytania zawartego w instrumencie gromadzenia danych według badanych zmiennych. d) etap tabulacji danych, tj. zapisywanie lub wprowadzanie danych do macierzystej tabeli badań. e) etap badania jakości danych, tj. badanie ważności i wiarygodności przyrządów do gromadzenia danych. f) etap opisywania danych, tj. tablice częstotliwości i/lub wykresy, a także różne wielkości tendencji centralnej oraz miary dyspersji. Celem jest zrozumienie charakterystyki danych próby badawczej. g) etap testowania hipotez, tj. etap testowania złożonych propozycji, niezależnie od tego, czy propozycja jest odrzucona czy zaakceptowana, oraz znaczący czy nie. Na podstawie przetestowania tej hipotezy podejmowana jest następna decyzja.

Analiza opisowa jest najbardziej podstawową analizą opisującą stan danych w ogóle. Ta analiza opisowa obejmuje kilka rzeczy, a mianowicie:

1. Dystrybucja częstotliwości,
2. Pomiaru Tendencji Centralnej, oraz
3. Pomiar zmienności (Wiyono, 11:2001).

3.2.1 Dystrybucja częstotliwości

Dystrybucja częstotliwości to uporządkowanie danych według określonej podstawy lub kategorii w systematycznie sporządzanej liście. Dane uzyskane z badania są zazwyczaj nadal w formie danych pierwotnych, które są losowe i trudne do odczytania.

Istnieje kilka rodzajów rozkładów częstotliwości:

(a) Rozkład częstotliwości nie jest grupowany

Rozkład częstotliwości nie jest zgrupowany to rozkład, który nie został zgrupowany. Prezentowane dane są nadal danymi pojedynczymi. W tej dystrybucji nadal nie ma większego znaczenia i jest trudna do interpretacji.

(b) Dystrybucja zamówień rankingowych

Rankingowa dystrybucja zleceń to niezgrupowany rozkład częstotliwości, który został posortowany według rangi, począwszy od wartości wysokiej do najniższej. Korzystając z tego rankingu, łatwo uzyskujemy informacje o rankingu respondentów.

(c) Rozkład częstotliwości w grupach

Rozkłady, które mogą dostarczyć lepszych informacji, to rozkład częstotliwości w grupach. Niektóre kroki, które należy wykonać w celu przygotowania rozkładu częstotliwości w grupach to:

(1) Ustalić zasięg. Zakresy można uzyskać z xmax - xmin. Na przykład, uzyskuje się zakres 100 - 48 = 52.

(2) Ustalić klasę interwałów. Klasę interwału ustala się poprzez podzielenie zakresu przez liczbę klas. Liczbę klas można ustalić na podstawie analizy badaczy. Liczba klas może być również określona za pomocą reguły Struges, które są: Liczba klas = 1 + (3,3) log *n*.

(3) Mentalistyczne dane do tabeli dystrybucyjnej. Mentalność danych jest procesem wprowadzania danych obserwacyjnych do przedziałów czasowych. Jeżeli dane obserwacyjne zostały wprowadzone do klasy interwału, to liczba częstotliwości jest równa całkowitej liczbie danych obserwacyjnych *n*.

(d) Wykres dotyczący dystrybucji

Wykres rozkładu częstotliwości jest prezentacją danych rozkładu częstotliwości w postaci obrazów. Innymi słowy, wykres rozkładu danych jest wizualną prezentacją danych z istniejących danych rozkładu.

3.2.2 Pomiar Tendencji Centralnej

Pomiar tendencji centralnej jest analizą statystyczną, która szczegółowo opisuje reprezentatywny wynik. Tendencja centralna pokazuje umiejscowienie największej części wartości w rozkładzie, łącznie z ogólnym opisem częstotliwości danych, takich jak tryb, nośnik, oraz średnią lub średnią liczbę.

(a) *Tryb atau Modus*

Tryb lub tryb jest wartością, która często się pojawia lub występuje. Na przykład, w serii wartości (2, 6, 6, 8, 9, 9, 10) tryb ma wartość 9, ponieważ wartość 9 pojawia się najczęściej w porównaniu z innymi wartościami. Jeśli dwie wartości często się pojawiają, na przykład w grupie wartości (10, 11, 11, 11, 12, 12, 13, 14, 14, 14, 14, 17), to istnieją dwa tryby, a mianowicie wartości 11 i 14. W przypadku dystrybucji danych jest to tzw. dystrybucja bimodalna.

(b) *Mediana*

Mediana jest wartością, która zajmuje 50. procent w rozkładzie wartości. Istnieje 50% lub połowa danych jest powyżej mediany, a 50% lub połowa danych jest poniżej mediany. Na przykład w serii wartości 11, 13, 18, 19, 20, wtedy mediana wynosi 18.

(c) *Mean*

Średnia jest średnią wartością dostępnych danych. Z wielu technik centralnej analizy tendencji, średnia jest często używana i uważana za bardziej przydatną do opisu stanu danych, zwłaszcza danych w skali interwałowej.

3.2.3 Pomiar zmienności

Pomiar zmienności jest pomiarem odchylenia wartości danych od centrum. Innymi słowy, miara zmienności jest miarą, która określa wartości danych, które różnią się od ich wartości centralnych. Miara zmienności jest również nazywana miarą rozproszenia lub miarą odchylenia. Główną funkcją pomiaru variabilitis jest opisanie zmian lub odchyleń od danych. Poprzez pomiar zmienności może być znana jednorodność lub heterogeniczność danych. Istnieje kilka technik pomiaru zmienności, które mogą być stosowane między innymi:

(a) *Zasięg* (R)

Zakres to różnica pomiędzy największym wynikiem (x-max) a najmniejszym wynikiem (x-min) w dystrybucji danych. Na przykład dystrybucja danych 10, 12, 13, 14, 15, 18, następnie zakres wynosi 18-10 = 8.

(b) *Średnie odchylenie*

Średnie odchylenie to obliczona średnia wartość bezwzględnej ceny odchylenia. Średnie odchylenie jest również znane jako wariancja.

(c) *Odchylenie standardowe*

Odchylenie standardowe jest wartością statystyczną stosowaną do określenia, w jaki sposób dane są rozłożone w próbie oraz jak blisko poszczególnych punktów danych znajduje się średnia - lub średnia - wartość próby.

Odchylenie standardowe zestawu danych równe zeru oznacza, że wszystkie wartości w zestawie są takie same. Większe odchylenie wartości będzie oznaczać, że poszczególne punkty danych są dalekie od wartości średniej.

(d) *Kwartyl*

Kwartyle to liczby służące do podzielenia zbioru danych na cztery części (tyle), czyli ćwiartki. Kwartyl górny/końcowy, zwany również trzecim kwartylem, jest górnym 25% zestawu danych, lub 75 częścią setną. Górny kwartyl jest obliczany przez określenie mediany (wartości średniej) w górnej połowie zbioru danych.

(e) *Z - Wynik*

Wartość Z-score jest miarą, która określa jak duża jest odległość wartości (od obserwacji zbioru próbek) do średniej w jednostkach odchylenia standardowego.

3.3 ANALIZA OBCIĄŻEŃ ELEKTRYCZNYCH W OPARCIU O MODELE SZEREGÓW CZASOWYCH

Głównym czynnikiem, który jest bardzo ważny w dystrybucji i dostarczaniu energii elektrycznej, jest charakterystyka obciążenia. Wahania mocy elektrycznej spowodowane obciążeniami domowymi, handlowymi, przemysłowymi i publicznymi muszą być analizowane. W statystyce, fluktuacje mocy elektrycznej w centrum odbiorczym z powodu użytkowania mają charakter szeregów czasowych. Wstępny etap określania charakterystyki obciążenia jest bardzo ważny przy ocenie obciążenia w elektrowni i określaniu szacunkowego schematu wykorzystania obciążenia.

Wahania mocy elektrycznej w centrum obciążenia są analizowane za pomocą statystycznego modelu matematycznego. To ilościowe podejście do danych z przeszłości jest gromadzone i wykorzystywane jako punkt odniesienia dla analizy danych oraz do prognozowania przyszłych danych. Identyfikacja zmian obciążenia w dowolnym momencie w określonym czasie tworzy dynamiczne charakterystyczne wzorce obciążenia. Dane o obciążeniu są gromadzone okresowo na podstawie czasu, zarówno czasu w godzinach, dniach, tygodniach, miesiącach, kwartałach i latach, które mają być analizowane i prognozowane. Prognozowanie lub prognozowanie zapotrzebowania na energię elektryczną jest ważnym pierwszym krokiem w planie pracy systemu elektroenergetycznego (Tsekouras i in., 2007).

3.4 PODSTAWOWE POJĘCIA ANALIZY SZEREGÓW CZASOWYCH

Analiza szeregów czasowych została po raz pierwszy wprowadzona w 1970 roku przez Goerge'a E. P. Boxa i Gwilyma M. Jenkinsa. Szeregi czasowe to szereg obserwacji dokonywanych kolejno w oparciu o czas. Proces obserwacji prowadzony jest w tym samym odstępie czasu, np. w odstępach godzinowych, dziennych, tygodniowych, miesięcznych, rocznych lub innych. Cel analizy szeregów czasowych jest dwojaki, a mianowicie modelowanie stochastycznego mechanizmu występującego w obserwacjach opartych na czasie i przewidywanie wartości obserwacji w przyszłości. Wartość zmiennej można przewidzieć, jeżeli charakter zmiennej jest znany w chwili obecnej i w przeszłości.

Według Makridakis et al. (2008) ważnym krokiem w wyborze odpowiedniej metody szeregów czasowych jest uwzględnienie rodzaju wzorca danych. Schematy danych można podzielić na cztery, jak pokazano na rysunku 3.1 poniżej (Makridakis et al., 2008):

1. Wzorce poziome występują, gdy wartości danych zmieniają się wokół stałej wartości średniej. Szereg ten jest stacjonarny w odniesieniu do wartości średniej.
2. Wzorce sezonowe występują, gdy na serię wpływają czynniki sezonowe, takie jak posiadanie wzorca sezonowego dla danego roku, miesiąca lub dziennego kwartału danego tygodnia.
3. Wzorzec cykliczny występuje wtedy, gdy na dane wpływają długoterminowe wahania gospodarcze, takie jak te związane z cyklami koniunkturalnymi.
4. Wzorce trendów występują w przypadku długotrwałego świeckiego wzrostu lub spadku danych.

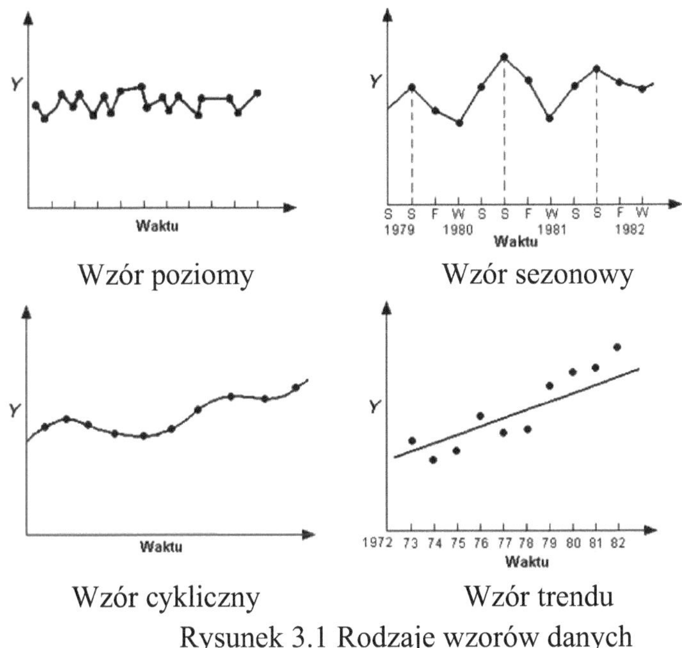

Wzór poziomy   Wzór sezonowy

Wzór cykliczny   Wzór trendu

Rysunek 3.1 Rodzaje wzorów danych

Dane mogą być postrzegane jako rzeczywistość procesów stochastycznych (Box et al., 2008). Procesy stochastyczne jako zjawisko statystyczne są uporządkowane w sekwencji czasowej w oparciu o prawo prawdopodobieństwa. Jeśli obserwacje szeregów czasowych oznaczane są przez Z_t w przypadku $t \in A$ z *A* to zestaw liczb naturalnych, ten szereg czasowy nazywany jest dyskretnym szeregiem czasowym. Jeśli $t \in R$ z *R* to zestaw liczb rzeczywistych, nazywany jest ciągłym szeregiem czasowym. Według Wei, proces stochastyczny jest grupą danych opartych na czasie ułożonym za pomocą zmiennych losowych $Z(\omega, t)$ gdzie ω to przestrzeń próby, a t to wskaźnik czasu (Wei, 2006).

Funkcje rozkładu zmiennych losowych Z_{t_1}, $Z_{t_2}, \ldots, Z_{t_n}$ są następujące:

$$F\left(z_{t_1}, z_{t_2}, ., z_{t_n}\right) = p\left\{\omega: z(\omega, t) \leq z_{t_1}, ., z(\omega, t_n) \leq z_{t_n}\right\}$$

Obserwacje $Z_1, Z_2, \ldots, Z_n$ to procesy stochastyczne, więc zmienne losowe $Z_{t_1}, Z_{t_2}, \ldots, Z_{t_n}$ są uważane za stacjonarne w dystrybucji, jeżeli:

$$F\left(z_{t_1}, z_{t_2}, \ldots, z_{t_n}\right) = F(z_{t1+k}, z_{t2+k}, \ldots, z_{tn+k}) \qquad (3.1)$$

Modele takie jak powyższy nazywane są procesami stochastycznymi, ponieważ obserwacje sekwencyjne są układane w czasie. Procesy stochastyczne mogą być postrzegane jako przypadkowe spacery, gdzie w każdej kolejnej zmianie przyjmuje się niezależnie od rozkładu prawdopodobieństwa. Dla konkretnego procesu stochastycznego z $\{Z_t: t = 0, \pm 1, \pm 2, \ldots\}$, średnia funkcja procesu stochastycznego jest zdefiniowana w następujący sposób:

$$\mu_t = E(Z_t) \qquad (3.2)$$

Podczas gdy funkcja wariancji jest zdefiniowana,

$$\sigma_t^2 = E\left(Z_t - \mu_t\right)^2 \qquad (3.3)$$

Z funkcją kowariancji pomiędzy Z_{t_1} oraz Z_{t_2} jest

$$\gamma(t_1, t_2) = E\left(Z_{t_1} - \mu_{t_1}\right)\left(Z_{t_2} - \mu_{t_2}\right) \qquad (3.4)$$

I funkcja korelacji pomiędzy Z_{t_1} oraz Z_{t_2} jest

$$\rho(t_1, t_2) = \frac{\gamma(t_1, t_2)}{\sqrt{\sigma_{t1}^2}\sqrt{\sigma_{t2}^2}} \qquad (3.5)$$

Dla procesów stacjonarnych, ponieważ każda funkcja rozkładu jest taka sama dla wszystkich wartości *t*, a więc funkcja średnia, $\mu_t = \mu$, jest wtedy stały $E(|Z_t| < \infty)$. Podobnie, jeśli $\left(|Z_t^2| < \infty\right)$ następnie $\sigma_t^2 = \sigma^2$ dla wszystkich wartości *t* jest również stała. Więc jeśli $F_{Z_{t1},Z_{t2}}(x_1, x_2) = F_{Z_{t1+k},Z_{t2+k}}(x_1, x_2)$ dla wszystkich liczb całkowitych t_1, t_2 i *k*, wtedy

$$\gamma(t_1, t_2) = \gamma(t_1 + k, t_2 + k) \qquad (3.6)$$

oraz

$$\rho(t_1, t_2) = \rho(t_1 + k, t_2 + k) \qquad (3.7)$$

Jeśli $t_1 = t\text{-}k$ dan $t_2 = t$ następnie

$$\gamma(t_1, t_2) = \gamma(t\text{-}k, t) = \gamma(t, t + k) = \gamma_k \qquad (3.8)$$

oraz

$$\rho(t_1, t_2) = \rho(t\text{-}k, t) = \rho(t, t + k) = \rho_k \qquad (3.9)$$

Tak więc, dla procesu stacjonarnego, w którym pierwsze dwa momenty są ograniczone, kowariancja i korelacja pomiędzy Z_t oraz Z_{t+k} zależy tylko od różnicy czasu *k*.

3.4.1 Funkcje autokonwersji i autokorelacji

Funkcja autokorelacji (ACF) jest relacją między obserwacjami szeregu czasowego. Natomiast funkcja autokorelacji jest wspólną wariacją tej samej zmiennej, którą są same dane szeregu czasowego. Szereg czasowy jest zbiorem sekwencyjnych obserwacji w czasie i może być postrzegany jako realizacja procesu statystycznego (stochastycznego), tzn. możemy powtórzyć sytuację, aby uzyskać zbiór obserwacji podobnych do tych już zebranych.

Ogólnie rzecz biorąc, ACF jest stosowane do sprawdzenia, czy istnieje Moving Average (MA), z szeregu czasowego, który w równaniu ARIMA jest reprezentowany przez wielkość *q*. Wartość *q* jest wyrażona jako liczba wartości ACF od lag 1 do *k-lag* kolejno umieszczonych poza przedziałem ufności *Z*. Jeśli istnieje cecha MA, *q* jest na ogół warte 1 lub 2, to bardzo rzadko znajduje się model z wartością *q* większą niż 2 Wartość *d*, jako stopień zróżnicowania w celu określenia, czy jest to stacjonarny szereg czasowy, jest również określana na podstawie wartości ACF. Jeśli istnieją wartości ACF po *k-okresowym* opóźnieniu określającym wartość *q* znajduje się poza przedziałem ufności *Z*, to szereg nie jest nieruchomy, więc wartość *d nie jest* równa zeru. ($d > 0$)zazwyczaj między 1 a 2, podczas gdy jeśli wartość ACF mieści się w przedziale ufności *Z*, szereg można uznać za stacjonarny, więc wartość *d* jest równa zero. ($d = 0$).

Dla procesu stacjonarnego $\{Z_t\}$, mamy wrednego $E(Z_t) = \mu$ i wariant $Var(Z_t) = E(Z_t\text{-}\mu)^2 = \sigma^2$co jest stałe, a kowariancja $Cov(Z_t, Z_s)$co jest funkcją tylko w czasie różnicy czasu $|t\text{-}s|$. Dlatego w tym przypadku, piszemy kowariancję pomiędzy Z_t oraz Z_{t+k} jak

$$\gamma_k = Cov(Z_t, Z_{t+k}) = E(Z_t-\mu)(Z_{t+k}-\mu) \qquad (3.10)$$

I korelacja pomiędzy Z_t oraz Z_{t+k} jest

$$\rho_k = \frac{Cov(Z_t, Z_{t+k})}{\sqrt{Var(Z_t)}\sqrt{Var(Z_{t+k})}} = \frac{\gamma_k}{\gamma_0} \qquad (3.11)$$

Gdzie w tym procesie, $Var(Z_t) = Var(Z_{t+k}) = \gamma_0$. Jako funkcja *k,* γ_k nazywana jest funkcją autokovarian i ρ_k jest nazywany ACF w analizie szeregów czasowych. Proces ten reprezentuje funkcję kowariancji i korelację pomiędzy: ACF w analizie szeregów czasowych. Z_t oraz Z_{t+k} tego samego procesu i jest oddzielony tylko opóźnieniem czasowym *k-laga.*

Aby zobaczyć proces stacjonarny, γ_k oraz ρ_k są określone w następujący sposób:

1. $\gamma_0 = Var(Z_t);\ \rho_0 = 1$
2. $|\gamma_k| \leq \gamma_0;\ |\rho_k| \leq 1$
3. $\gamma_k = \gamma_{-k}$ oraz $\rho_k = \rho_{-k}$ To znaczy, dla wszystkich wartości *k*, które są funkcjami γ_k oraz ρ_k z symetrią w opóźnieniu k = 0. Warunek ten wynika z różnicy czasu pomiędzy Z_t oraz Z_{t+k} a następnie Z_t oraz Z_{t-k} są takie same. Dlatego ACF jest często wykreślane tylko dla powolności, która nie jest ujemna lub znajduje się po prawej stronie płaszczyzny *s.*
4. γ_k oraz ρ_k pozytywny semidywny w tym sensie

$$\sum_{i=1}^{n}\sum_{j=1}^{n} \alpha_i\, \alpha_j\, \gamma_{|t_i-t_j|} \geq 0 \qquad (3.12)$$

oraz

$$\sum_{i=1}^{n}\sum_{j=1}^{n} \alpha_i\, \alpha_j\, \rho_{|t_i-t_j|} \geq 0 \qquad (3.13)$$

Uwzględnienie procesu wprowadzania ograniczeń (Z_t) zakłada się, że $E(Z_t) = 0$. Jeśli Z_{t+k} jest liniową funkcją Z_{t+1}, Z_{t+2} oraz Z_{t+k-1} i jest definiowany jako najlepszy szacunek średniej wartości kwadratowej Z_{t+k}oznaczający

$\widehat{Z}_{t+k} = \alpha_1 Z_{t+k-1} + \alpha_2 Z_{t+k-2} +.. + \alpha_{k-1} Z_{t+1}$
(3.14)

gdzie $\alpha_i (1 \leq i \leq k-1)$ jest średnią z kwadratowych współczynników regresji liniowej uzyskanych z minimalizacji

$$E\left(Z_{t+k} - \widehat{Z}_{t+k}\right)^2 = E(Z_{t+k} - \alpha_1 Z_{t+k-1} - .. - \alpha_{k-1} Z_{t+1})^2$$

Rutynowa metoda minimalizacji poprzez różnicowanie zapewnia następujący układ równań liniowych

$$\gamma_i = \alpha_1 \gamma_{i-1} + \alpha_2 \gamma_{i-2} +.. + \alpha_{k-1} \gamma_{i-k+1} \quad (1 \leq i \leq k-1)$$

Następnie

$$\rho_i = \alpha_1 \rho_{i-1} + \alpha_2 \rho_{i-2} +.. + \alpha_{k-1} \rho_{i-k+1} \quad (1 \leq i \leq k-1)$$

W przypadku notacji matrycowej, układ w równaniu 3.15 staje się

$$\begin{bmatrix} \rho_1 \\ \rho_2 \\ \vdots \\ \rho_{k-1} \end{bmatrix} = \begin{bmatrix} 1 & \rho_1 & \rho_2 & \cdots & \rho_{k-2} \\ \rho_1 & 1 & \rho_1 & \cdots & \rho_{k-3} \\ \vdots & \vdots & \vdots & \ddots & \vdots \\ \rho_{k-2} & \rho_{k-3} & \rho_{k-4} & \cdots & 1 \end{bmatrix} \begin{bmatrix} \alpha_1 \\ \alpha_2 \\ \vdots \\ \alpha_{k-1} \end{bmatrix}$$
(3.15)

W równaniu 3.15 zastosowano regułę Cramera

$$
\alpha_i = \frac{\begin{vmatrix} 1 & \rho_1 & \cdots & \rho_{i-2} & \rho_1 & \rho_i & \cdots & \rho_{k-2} \\ \rho_1 & 1 & \cdots & \rho_{i-3} & \rho_2 & \rho_{i-1} & \cdots & \rho_{k-3} \\ \vdots & \vdots & \ddots & \vdots & \vdots & \vdots & \ddots & \vdots \\ \rho_{k-2} & \rho_{k-3} & \cdots & \rho_{k-1} & \rho_{k-i-2} & \rho_{k-i-2} & \cdots & 1 \end{vmatrix}}{\begin{vmatrix} 1 & \rho_1 & \cdots & \rho_{i-2} & \rho_{i-1} & \rho_i & \cdots & \rho_{k-2} \\ \rho_1 & 1 & \cdots & \rho_{i-3} & \rho_{i-2} & \rho_{i-1} & \cdots & \rho_{k-3} \\ \vdots & \vdots & \ddots & \vdots & \vdots & \vdots & \ddots & \vdots \\ \rho_{k-2} & \rho_{k-3} & \cdots & \rho_{k-1} & \rho_{k-i-1} & \rho_{k-i-2} & \cdots & 1 \end{vmatrix}}
$$
(3.16)

Wygląda tak samo pomiędzy matrycą wyznacznika licznika i mianownika, chyba że *i-ta* kolumna zostanie zastąpiona przez $(\rho_1, \rho_2, \ldots, \rho_{k-1})$. Zastępstwo α_i Otrzymuje się równanie 3.16 do równania 3.11 i mnożąc je przez licznik i mianownik z równania 3.11,

$$
\begin{vmatrix} 1 & \rho_1 & \cdots & \rho_{k-2} \\ \rho_1 & 1 & \cdots & \rho_{k-3} \\ \vdots & \vdots & \ddots & \vdots \\ \rho_{k-2} & \rho_{k-3} & \cdots & 1 \end{vmatrix} \qquad (3.17)
$$

3.4.2 Funkcja częściowej autokorelacji (PACF)

Oprócz funkcji autokorelacji pomiędzy Z_t oraz Z_{t+k}konieczne jest również dokonanie przeglądu korelacji pomiędzy Z_t oraz Z_{t+k} po wystąpieniu liniowej współzależności od zmiennych $Z_{t+1}, Z_{t+2}, \ldots, Z_{t+k-1}$.
Ta warunkowa korelacja jest podana w następujący sposób

$$\mathrm{Corr}(Z_t, Z_{t+k} \mid Z_{t+1}, \ldots, Z_{t+k-1}) \qquad (3.18)$$

Zwykle określane jako częściowa autokorelacja w analizie szeregów czasowych. Rozważmy model regresji, w którym zmienna Z_{t+k} procesu stacjonarnego wynosi średnio zero w poniższym *k-lagu*,

$$Z_{t+k} = \phi_{k1} Z_{t+k-1} + \phi_{k2} Z_{t+k-2} + .. + \phi_{kk} Z_t + e_{t+k} \quad (3.19)$$

gdzie ϕ_{ki} pokazać *i-ty* parametr regresji oraz e_{t+k} jest terminem błędu o średniej wartości 0 i niezwiązanym z Z_{t+k-j} dla $j = 1,2,\ldots,k$. Mnożąc Z_{t+k-j} po obu stronach równania regresji i przyjmując oczekiwanie, uzyskano

$$\gamma_j = \phi_{k1}\gamma_{j-1} + \phi_{k2}\gamma_{j-2} + .. + \phi_{kk}\gamma_{j-k} \quad (3.20)$$

tak aby

$$\rho_j = \phi_{k1}\rho_{j-1} + \phi_{k2}\rho_{j-2} + .. + \phi_{kk}\rho_{j-k} \quad (3.21)$$

Dla $j = 1,2,\ldots,$kuzyskany za pomocą następującego równania systemowego

$$\rho_1 = \phi_{k1}\rho_0 + \phi_{k2}\rho_1 + .. + \phi_{kk}\rho_{k-1}$$

$$\rho_2 = \phi_{k1}\rho_1 + \phi_{k2}\rho_0 + .. + \phi_{kk}\rho_{k-2}$$

$$\vdots$$

$$\rho_k = \phi_{k1}\rho_{k-1} + \phi_{k2}\rho_{k-2} + .. + \phi_{kk}\rho_0$$

Stosując kolejno regułę Cramera dla $k = 1, 2, ...,$ otrzymywany jest

$$\phi_{11} = \rho_{11}$$

$$\phi_{22} = \frac{\begin{vmatrix} 1 & \rho_1 \\ \rho_1 & \rho_2 \end{vmatrix}}{\begin{vmatrix} 1 & \rho_1 \\ \rho_1 & 1 \end{vmatrix}}$$

$$\phi_{33} = \frac{\begin{vmatrix} 1 & \rho_1 & \rho_1 \\ \rho_1 & 1 & \rho_2 \\ \rho_2 & \rho_1 & \rho_3 \end{vmatrix}}{\begin{vmatrix} 1 & \rho_1 & \rho_2 \\ \rho_1 & 1 & \rho_1 \\ \rho_2 & \rho_1 & 1 \end{vmatrix}}$$

$\vdots$

$$\phi_{kk} = \frac{\begin{vmatrix} 1 & \rho_1 & \rho_2 & \cdots & \rho_{k-2} & \rho_1 \\ \rho_1 & 1 & \rho_1 & \cdots & \rho_{k-3} & \rho_2 \\ \vdots & \vdots & \vdots & \ddots & \vdots & \vdots \\ \rho_{k-1} & \rho_{k-2} & \rho_{k-3} & \cdots & \rho_1 & \rho_k \end{vmatrix}}{\begin{vmatrix} 1 & \rho_1 & \rho_2 & \cdots & \rho_{k-2} & \rho_{k-1} \\ \rho_1 & 1 & \rho_1 & \cdots & \rho_{k-3} & \rho_{k-2} \\ \vdots & \vdots & \vdots & \ddots & \vdots & \vdots \\ \rho_{k-1} & \rho_{k-2} & \rho_{k-3} & \cdots & \rho_1 & 1 \end{vmatrix}}$$

(3.22)

PACF jest zazwyczaj stosowany w celu określenia, czy charakter autoregresji (AR), który jest oznaczany przez kwotę ρ. Jeśli istnieją właściwości AR, na ogół wartość PACF wynosi 1 lub 2, to rzadko spotykana jest właściwość AR o wartości ρ większy niż 2.

3.4.3 Proces White Noise

Proces białego szumu $\{a_t\}$ jest ciągiem zmiennych losowych, który nie koreluje z funkcją rozkładu o stałej średniej $E(a_t) = \mu_a$ zwykle przyjmuje się, że 0, z wariantem $Var(a_t) = \sigma_\alpha^2$ trwały i $\gamma_k = Cov(a_i, a_{i+k}) = 0$ dla wszystkich parametrów $k \neq 0$.

Proces białego szumu $\{a_t\}$ jest stacjonarna z funkcją autokovarialną

$$\gamma_k = \begin{cases} \sigma_a^2, & k = 0 \\ 0, & k \neq 0 \end{cases} \qquad (3.23)$$

z ACF

$$\rho_k = \begin{cases} 1, & k = 0 \\ 0, & k \neq 0 \end{cases} \qquad (3.24)$$

i PACF

$$\phi_{kk} = \begin{cases} 1, & k = 0 \\ 0, & k \neq 0 \end{cases} \qquad (3.25)$$

Zjawisko procesu szumu białego polega na tym, że ACF i PACF są prawie równe zeru.

3.4.4 Stacjonarność i niestacjonarność

W zasadzie większość serii okresowych jest niestacjonarna, podczas gdy parametry AR i MA modelu ARIMA dotyczą tylko serii stacjonarnych. Stacjonarność oznacza brak wzrostu lub spadku danych.

Szereg czasowy, który nie jest stacjonarny, musi zostać przekształcony na dane stacjonarne, niezależnie od tego, czy jest to szereg stacjonarny w wariancji, czy też oznacza. Tak więc dane stacjonarne w wariancji są przekształcane na dane stacjonarne (G.E.P Box i D.R. Cox, 1964).

Aby przetestować lub sprawdzić stacjonarność w żyłakach widzianych z wartość p wartość $\lambda = 1$. Jeśli dane nie są stacjonarne, transformacja jest przeprowadzana ponownie. Natomiast dane stacjonarne w środkach są przeprowadzane za pomocą różnych metod. Jeżeli dane nie są w wariancie stacjonarne, to proces różnicowania nie zawsze dobrze jest wykorzystać do ich stacjonaryzowania, ponieważ kolejność danych jest większa i w ten sposób dochodzi do utraty dużej ilości danych. Rozróżnienie polega na obliczeniu zmian lub różnic w wartości obserwacji. Wartość uzyskanej różnicy jest sprawdzana ponownie, czy jest ona stacjonarna, czy nie. Jeśli nie jest stacjonarna, to należy ponownie dokonać różnicowania.

Notacja używana jako operator zmiany wstecznej to B z następującym wzorem:

$$B\,Z_t = Z_{t-1} \qquad (3.26)$$

gdzie *B* sebagai się różni, Z_t jest wartością *Z* w celu *t* oraz Z_{t-1} to wartość *Z w stosunku* do *t-1*.

Notacja *B* na stronie Z_t skutkuje przesunięciem danych o 1 okres do tyłu. Dwie aplikacje B dla Z_t przesuną dane o 2 okresy do tyłu, w następujący sposób:

$$B(B\,Z_t) = B^2 Z_t = Z_{t-2} \qquad (3.27)$$

z Z_{t-2} to wartość *Z* w okresie *t-2*.

Tabela 3.1 Związek λ wartości z równością wariancji stabilności Transformacja transformacji

λ Wartość	Równość transformacji

-1,0	$1/Z_t$
-0,5	$1/\sqrt{Z_t}$
0	$\ln Z_t$
0,5	$\sqrt{Z_t}$
1,0	Z_t

Jeżeli szereg czasowy nie jest stacjonarny, to dane można zbliżyć do stacjonarnego przez pierwsze różnicowanie.

$$Z_t^{'} = Z_t - Z_{t-1} \qquad (3.28)$$

z $Z_t^{'}$ jest pierwszym różniącym się.

Za pomocą notacji z przesunięciem wstecznym, równanie może być przepisane jako pierwsze różnicujące

$$Z_t^{'} - Z_{t-1} = Z_t - B\,Z_t = (1-B)Z_t \qquad (3.29)$$

Pierwsze rozróżnienie jest wyrażone przez (1-B) tak jak gdyby trzeba było obliczyć drugą różnicę (tzn. pierwszą różnicę w stosunku do pierwszej różnicy), a następnie drugą różnicę

$$\begin{aligned} Z_t^{''} &= Z_t^{'} - Z_{t-1}^{'} \\ &= (Z_t - Z_{t-1}) - (Z_{t-1} - Z_{t-2}) \\ &= Z_t - 2\,Z_{t-1} + Z_{t-2} \\ &= \left(1 - 2\,B + B^2\right)Z_t \\ &= (1-B)^2\,Z_t \qquad (3.30) \end{aligned}$$

z Z_t'' jest drugim rządem różniącym się od siebie.

Drugą różnicą jest notacja $(1\text{-}B)^2$. Różnica drugiego rzędu nie jest taka sama jak druga notacja podana $(1\text{-}B^2)$. Drugie różniące się, napisane:

$$Z_t^2 = Z_t\text{-}Z_{t-2} = (1\text{-}B^2)Z_t \qquad (3.31)$$

Celem obliczenia rozróżnienia jest osiągnięcie stacjonarności i ogólnie rzecz biorąc, jeśli istnieje rozróżnienie d-order w celu osiągnięcia stacjonarności. Rozróżnienie według "*d-rzędów* = $(1\text{-}B)^d\, Z_t$.

3.5 METODY ARIMOWE

3.5.1 Klasyfikacja modelu ARIMA

Model ARIMA jest również nazywany szeregiem czasowym Box-Jenkins. Modele ARIMA są podzielone na grupy, a mianowicie: autoregresywny (AR), średni ruchomy (MA) i ARMA. Model ARIMA jest niestacjonarnym modelem ARMA, który przeszedł różny proces, tak że staje się modelem stacjonarnym. Modele ARIMA i te zawierające wzorce sezonowe zostaną przedstawione oddzielnie.

1) Proces autoregresji (AR)

Ogólna forma procesu autoregresji *p* (AR (*p*)) to

$$Z_t = \phi_1 Z_{t-1} + \phi_2 Z_{t-2} + \cdots + \phi_p Z_{t-p} + a_t \qquad (3.32)$$

gdzie aktualna wartość procesu jest wyrażona jako ważona liczba wartości, które są następnie dodawane tj. a_t oraz ϕ to parametry autoregresywne. Więc widać, że Z_t jest regresowany o wartość *p* poprzedniego *Z*.

a. AR(1)
Modele pierwszego rzędu są autoregresywne:

$$Z_t = \phi Z_{t-1} + a_t \qquad (3.33)$$

Jeśli $\phi_p(B) = \left(1\text{-}\phi_1 B\text{-} \ldots \text{-}\phi_p B^p\right)$ to może być napisane jako $\left(1\text{-}\phi_1 B\right)Z_t = a_t$
z a_t identycznie rozmieszczony z $N(0, \sigma_a^2)$. Model ten jest uważany za stacjonarny, ponieważ jest niezależny od Z_{t-1} więc wariancja jest

$$\mathrm{Var}(Z_t) = \phi^2 \mathrm{Var}(Z_{t-1}) + \mathrm{Var}(a_t) \qquad (3.34)$$

z

$$\sigma_Z^2 = \phi^2 \sigma_Z^2 + \sigma_a^2$$

lub

$$\left(1\text{-}\phi^2\right)\sigma_Z^2 = \sigma_a^2$$

tak aby σ_Z^2 skończony i nie ujemny, to jego wartość $-1 < \phi < 1$. Nierówność ta jest warunkiem dla stacjonarnych szeregów czasowych. Ogólnie rzecz biorąc, model AR (*p*) jest modelem PACF przerwanym w lag-p.

b. AR (2)
Model autoregresji drugiego rzędu to

$$Z_t = \phi_1 Z_{t-1} + \phi_2 Z_{t-2} + a_t \qquad (3.35)$$

lub

$$Z_t = \left(1-\phi_1 B-\phi_2 B^2\right)Z_t = a_t$$

Dla stacjonarnych wtedy $\mu = 0$ z funkcją autokorelacji w postaci

$$\rho_k = \phi_1 \rho_{k-1} + \phi_2 \rho_{k-2} \qquad (3.36)$$

a wariancja jest

$$\sigma_Z^2 = \frac{(1-\phi_2)\sigma_a^2}{(1+\phi_2)(1-\phi_1-\phi_2)(1+\phi_1-\phi_2)} \qquad (3.37)$$

Tak więc każdy czynnik w mianowniku dodatnim, który daje powierzchnię stacjonarną, musi być

$$-1 < \phi_2$$
$$\phi_1 + \phi_2 < 1$$
$$\phi_1 + \phi_2 < 1.$$

c. AR (*p*)
Model *p-order* autoregresywny to

$$Z_t = \phi_1 Z_{t-1} + \phi_2 Z_{t-2} + \cdots + \phi_p Z_{t-p} + a_t \qquad (3.38)$$

lub

$$Z_t = \left(1-\phi_1 B-\phi_2 B^2- \ldots -\phi_p B^p\right) Z_t = a_t$$

Z ACF jest

$$\rho_k = \phi_1 \rho_{k-1} + \phi_2 \rho_{k-2} + \cdots + \phi_p \rho_{k-p} \quad k > 0 \qquad (3.39)$$

2) Proces Moving Average (MA)

Ogólna forma procesu przesunięcia średniego poziomu q (MA (q)) jest następująca

$$Z_t = a_t - \theta_1 a_{t-1} + \theta_2 Z_{t-2} + \cdots + \theta_p Z_{t-p} \qquad (3.40)$$

lub

$$Z_t = \theta(B) a_t$$

gdzie

$$\theta(B) = \left(1 - \theta_1 B - .. - \theta_q B^q\right)$$

Ponieważ $1 + \theta_1^2 + .. + \theta_q^2 < \infty$ ograniczony średni proces ruchomy jest zawsze stacjonarny.

a. MA (1)

Kiedy $\theta(B) = (1 - \theta_1 B)$ następnie zapisuje się model średniej kroczącej pierwszego rzędu:

$$Z_t = a_t - \theta_1 a_{t-1} \qquad (3.41)$$

gdzie a_t to zero średniego białego szumu o stałej wariancji σ_a^2.

Z funkcją autokonwersji procesu MA(1)

$$\gamma_k = \begin{cases} \left(1 + \theta_1^2\right)\sigma_a^2, & k = 0 \\ -\theta_1 \sigma_a^2, & k = 1 \\ 0, & k > 1 \end{cases} \qquad (3.42)$$

a ACF jest

$$\rho_k = \begin{cases} \dfrac{-\theta_1}{1 + \theta_1 \sigma_1^2}, & k = 1 \\ 0, & k > 1 \end{cases} \qquad (3.43)$$

Dla PACF, na ogół pisane:

$$\phi_{kk} = \frac{-\theta_1^k\left(1-\theta_1^2\right)}{1-\theta_1^{2(k+1)}}, \quad k \geq 1 \tag{3.44}$$

b. MA (2)

Kiedy $\theta(B) = \left(1\text{-}\theta_1 B\text{-}\theta_2 B^2\right)$ następnie zapisuje się model średniej kroczącej drugiego rzędu:

$$Z_t = \left(1\text{-}\theta_1 B\text{-}\theta_2 B^2\right)a_t \tag{3.45}$$

Gdzie (a_t) to zero średniego białego szumu.
Z funkcją autokonwersji procesu MA(2)

$$\begin{aligned} \gamma_0 &= \left(1+\theta_1^2+\theta_2^2\right)\sigma_a^2 \\ \gamma_1 &= -\theta_1\left(1-\theta_2\right)\sigma_a^2 \\ \gamma_2 &= -\theta_2\,\sigma_a^2 \end{aligned} \tag{3.46}$$

oraz

$$\gamma_k = 0, \quad k > 2$$

ACF staje się

$$\rho_k = \begin{cases} \dfrac{-\theta_1\left(1-\theta_2\right)}{1+\theta_1^2+\theta_2^2}, & k=1 \\ \dfrac{-\theta_2}{1+\theta_1^2+\theta_2^2}, & k=2 \\ 0, & k>2 \end{cases} \tag{3.47}$$

który zostanie odcięty w nodze 2.

Dla PACF, na ogół pisane:

$$\phi_{11} = \rho_1$$

$$\phi_{22} = \frac{\rho_2 - \rho_1^2}{1 - \rho_1^2} \qquad (3.48)$$

$$\phi_{33} = \frac{\rho_1^2 - \rho_1\rho_2(2 - \rho_2)}{1 - \rho_2^2 - 2\rho_1^2(1 - \rho_2)}$$

c. mgr q)

Ogólnie rzecz biorąc, proces składania *zamówień* MA *q-order* jest zapisany jako

$$Z_t = \left(1 - \theta_1 B - \theta_2 B^2 - .. - \theta_q B^q\right) a_t \qquad (3.49)$$

z autokovacyjną funkcją procesu MA(q)

$$\gamma_k = \begin{cases} \sigma_a^2\left(-\theta_k + \theta_1\theta_{k+1} + \ldots + \theta_{q-k}\theta_{q1}\right), & k = 1, 2, \ldots, q \\ 0, & k > q \end{cases}$$

(3.50)

Więc ACF staje się,

$$\rho_k = \begin{cases} \dfrac{-\theta_k + \theta_1\theta_{k+1} + \ldots + \theta_{q-k}\theta_{q1}}{1 + \theta_1^2 + \ldots + \theta_q^2}, & k = 1, 2, \ldots, q \\ 0, & k > q \end{cases}$$

(3.51)

3) Prokurenci ARiMR

Łączna ogólna postać procesu stacjonarnego ARiMR to

$$\phi_p(B) Z_t = \theta_q(B) a_t \qquad (3.52)$$

Gdzie,

$$\phi_p(B) = 1 - \phi_1 B - .. - \phi_p B^p$$

$$\theta_q(B) = 1 - \theta_1 B - .. - \theta_q B^q$$

4) Model ARIMA

ARIMA jest modelem, który całkowicie ignoruje niezależność zmiennych w prognozie. ARIMA wykorzystuje przeszłe i bieżące wartości zmiennej zależnej do tworzenia dokładnych prognoz krótkoterminowych. Ogólnie rzecz biorąc, ARIMA, jeśli AR stopień *p*, różnica w stopniu *d* i MA stopień *q*, to ARIMA (*p*, *d*, *q*) jest zapisywana za pomocą następującego równania:

$$Z_t = (1 + \phi_1)Z_{t-1} + (\phi_2 - \phi_1)Z_{t-2} + \cdots + (\phi_p - \phi_{p-1})Z_{t-p} + \phi_p Z_{t-p-1} + a_t + \theta_1 a_{t-1} + \cdots + \theta_q a_{t-q}$$

lub

$$\phi_p(B)(1-B)^d Z_t = \theta_0 + \theta_q(B)a_t \qquad (3.53)$$

z

$$\phi_p(B) = 1-\phi_1 B-\phi_2 B^2- \dots -\phi_p B^p$$

$$\theta_q(B) = 1-\theta_1 B-\theta_2 B^2- \dots -\theta_q B^q.$$

Stacjonarne opóźnienie czasowe ma ACF, które będzie się zmniejszać liniowo i powoli. Podobnie, ACF szacuje się na podstawie danych. Jeśli istnieje tendencja do szacowania ACF i ACF (f_k) nie zmniejsza się gwałtownie, wtedy mówi się, że funkcja jest niestacjonarna.

3.5.2 ARIMA Sezonowa

Sezon jest definiowany jako wzór powtarzający się w określonym przedziale czasu. W przypadku danych stacjonarnych czynniki sezonowe można określić poprzez określenie współczynników autokorelacji dla dwóch lub trzech przedziałów czasowych, które znacznie różnią się od zera. Współczynniki autokorelacji, które znacznie różnią się od zera, stanowią wzorzec w danych. W celu rozpoznania czynników sezonowych konieczne jest przyjrzenie się danym o wyższych przedziałach czasowych autokorelacji. Dzięki temu można określić, czy ta formacja sezonowa ma tendencję do występowania formacji sezonowej.

Ogólna notacja modelu sezonowego ARIMA jest podana w następujący sposób

$$\text{ARIMA}\,(p,d,q)(P,D,Q)^S$$

gdzie (p,d,q) = niesezonowe części modelu

(P,D,Q) = sezonowe części modelu

S = liczba okresów w każdym sezonie

Podobnie jak w przypadku ogólnej notacji sezonowego modelu ARIMA, sezonowy model ARIMA z następującym równaniem (Wei, 2006):

$$\phi_p(B)\Phi_P(B^s)(1-B)^d(1-B^s)^D Z_t = \theta_q(B)\Theta_Q(B^s)a_t$$

z *s* jest okresem sezonowym, oraz

$$\Phi_P(B^s) = \left(1-\Phi_1 B^s-\Phi_2 B^{2s}-..-\Phi_P B^{Ps}\right)$$

$$\Theta_Q(B^s) = \left(1-\Theta_1 B^s-\Theta_2 B^{2s}-..-\Theta_Q B^{Qs}\right)$$

3.5.3 ARIMA Sezonowa podwójna

Podwójny sezonowy model ARIMA jest zapisany z następującą notacją

$$\text{ARIMA}\ (p,d,q)(P_1,D_1,Q_1)^{S_1}(P_2,D_2,Q_2)^{S_2}$$

gdzie (p,d,q) = niesezonowe części modelu
(P,D,Q) = sezonowe części modelu
S_1 = pierwszy okres sezonowy
S_2 = drugi okres sezonowy

Podwójnie sezonowa ARIMA (DSARIMA) to dwupoziomowy model ARIMA, który został opracowany (Soares i in. 2008, Mohamed i in. 2010, Kim i in. 2014, Hassan i in. 2012). Model ten skáada siĊ z dwóch skáadników, a mianowicie z modelu pierwszego poziomu, który jest zwykle rozwijany na podstawie liniowego modelu prognozowania w celu wyjaĞnienia trendów sezonowych danych lub znanego jako potencjalne obciąĪenie. A na drugim poziomie opracowany na podstawie modelu ARIMA w celu uchwycenia wzorca autoregresywnego na podstawie danych lub tzw. nieregularnego obciąĪenia.
Ogólna forma DSARIMY to

$$\phi_p(B)\Phi_{P_1}(B^{S_1})\Phi_{P_2}(B^{S_2})(1-B)^d(1-B^{S_1})^{D_1}(1 - B^{S_2})^{D_2}Z_t = \theta_q(B)\Theta_{Q_1}(B^{S_1})\Theta_{Q_2}(B^{S_2})a_t$$

z

$$\phi_p(B) = 1 - \phi_1 B - \phi_2 B^2 - \dots - \phi_p B^p$$

$$\Phi_{P_1}(B^{s_1}) = 1-\Phi_{1_1}B^{s_1}-\Phi_{2_1}B^{2s_1}- \dots -\Phi_{P_1}B^{P_1 s_1}$$

$$\Phi_{P_2}(B^{s_2}) = 1-\Pi_{1_2}B^{s_2}-\Pi_{2_2}B^{2s_2}- \dots -\Pi_{P_2}B^{P_2 s_2}$$

$$\theta_q(B) = 1-\theta_1 B-\theta_2 B^2- \dots -\theta_q B^q$$

$$\Theta_{Q_1}(B^{s_1}) = 1-\Theta_{1_1}B^{s_1}-\Theta_{2_1}B^{2s_1}- \dots -\Theta_{Q_1}B^{Q_1 s_1}$$

$$\Theta_{Q_2}(B^{s_2}) = 1-\Psi_{1_2}B^{s_2}-\Psi_{2_2}B^{2s_2}- \dots -\Psi_{Q_2}B^{Q_2 s_2}.$$

4

ZAPRZESTANIE

4.1 WPROWADZENIE

Prognozowanie obciążenia elektrycznego w tej dyskusji poprzez podejście wielosezonowe. Czynniki sezonowe w znacznym stopniu wpływają na wyniki prognozowania w późniejszym okresie. Czynnik ten jest spowodowany fluktuacjami wzorców zużycia w dobowych przedziałach czasowych obciążenia odbiorów energii elektrycznej.

Wyniki prognoz są ponownie analizowane przy użyciu opisowych metod analitycznych w celu uzyskania wzorca obciążenia w przyszłości. Podejście do schematu obciążenia jest bardzo ważne przy podejmowaniu decyzji o pracy elektrowni.

4.2 PROCEDURA ARIMA BOX-JENKINS

Model ARIMA, znany również jako metoda Box-Jenkinsa, składa się z trzech podstawowych etapów, a mianowicie etapu identyfikacji, etapu oceny i testowania oraz kontroli diagnostycznej. Po przejściu przez ten etap model ARIMA może być wykorzystany do prognozowania, jeżeli uzyskany model jest wystarczający, jak schemat przedstawiony na rysunku 4.1.

Program "Box-Jenkins Approach

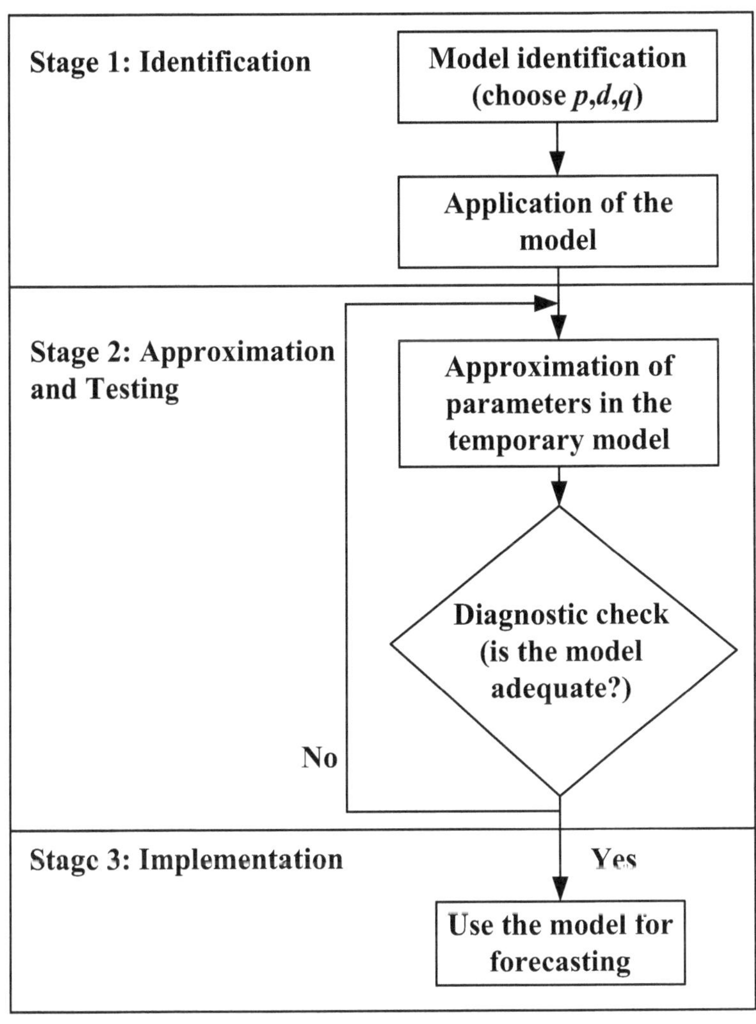

Rysunek 4.1 Schemat blokowy modelu ARIMA

4.2.1 Identyfikacja

Identyfikacja modelu do modelowania danych szeregów czasowych wymaga obliczeń i przeglądu wyników funkcji autokorelacji (ACF) oraz funkcji autokorelacji parysalnej (PACF). Wyniki tych obliczeń są potrzebne do określenia wlaściwego modelu ARIMA, zarówno ARIMA(p,0,0) lub AR(p), ARIMA(0,0,q) lub MA(q), ARIMA(p, 0,q) lub ARMA(p,q), ARIMA(p,d,q). W międzyczasie, w celu określenia obecności lub braku wartości d modelu, jest ona określana na podstawie samych danych. Jeśli forma danych jest stacjonarna, d wynosi 0, podczas gdy forma danych nie jest stacjonarna, wartość d nie jest równa 0. ($d > 0$). Podobnie, model ARIMA podwójnej sezonowości odnosi siĊ równieĪ do funkcji autokorelacji (ACF) i funkcji częściowej autokorelacji (PACF) oraz wiedzy o badanym systemie lub procesie.

Identyfikacja może być przeprowadzona po zatrzymaniu danych szeregów czasowych. Zastosowanie modelu po danych ACF i PACF ma tendencję zgodną z tabelą 4.1 i dla sezonowych wzorów danych określonych w odniesieniu do tabeli 4.2.

4.2.2 Parametr Przybliżenie

Istnieją dwa podstawowe sposoby na uzyskanie tych parametrów:

a. Próba i błąd, testowanie kilku różnych wartości i wybór jednej z nich (lub zestawu wartości, jeśli istnieje więcej niż jeden parametr do oszacowania), który minimalizuje sumę kwadratów wartości rezydualnych.

b. iteracyjne podejście, wybierając wstępne oszacowanie, a następnie pozwalając komputerowi na iteracyjne dopracowanie przybliżenia.

Tabela 4.1 Schematy PACF i ACF

Wzorce autokorelacji	Częściowe wzory autokorelacji	Parametr ARIMA
Kierunek do zera po opóźnieniu *q*	Zmniejszający się stopniowo / wyboisty	ARIMA(0,*d*,*q*)
Zmniejszający się stopniowo / wyboisty	Menuju nilai nol setelah lag *q*	ARIMA(*p*,*d*,0)
Zmniejsza się stopniowo / wyboiście (aż lag *q będzie* nadal różnił się od zera)	Zmniejsza się stopniowo / wyboiście (do momentu, gdy opóźnienie *p* jest nadal różne od zera)	ARIMA(*p*,*d*,*q*)

Tabela 4.2 Wzorce sezonowe PACF i ACF

Model	ACF	PACF
AR(*p*)	Zmniejsza się (wykładniczo) w sezonowych opóźnieniach	*Odcięte* po *opóźnieniu* p^s

MA(q)	*Odcięcie* (terputus) po opóźnieniu q^s	Zmniejsza się (wykładniczo) w sezonowych opóźnieniach
ARMA(p,q)	Zmniejsza się (wykładniczo) w sezonowych opóźnieniach	Zmniejsza się (wykładniczo) w sezonowych opóźnieniach

4.2.3 Parametr Badanie

Procedura testowania parametrów polega na sprawdzeniu, czy wybór parametrów *p*, *d*, *q* jest prawdziwy i prawidłowy. Mówi się, że model jest dobry, jeśli wartość błędu jest przypadkowa, co oznacza, że nie ma już pewnego wzorca. Innymi słowy, otrzymany model może dobrze uchwycić istniejące wzorce danych. Aby zobaczyć wartość błędu testowania współczynnika autokorelacji błędu, należy użyć jednej z dwóch poniższych statystyk:

1). Q Test skrzynki i pionu

$$Q = n' \sum_{k=1}^{m} r_k^2 \qquad (4.1)$$

2). Test Ljung-Boxa

$$Q = n'(n' + 2) \sum_{k=1}^{m} \frac{r_k^2}{(n'-k)} \qquad (4.2)$$

Rozłożone przez chi squared (χ^2) z wolnymi stopniami (db) = (m-p-q-P-Q)

Gdzie,$n' = n-(d + SD)$ (4.3)

z

d = kolejność różnicowania nie jest czynnikiem sezonowym
D = kolejność występowania różnic jest czynnikiem sezonowym
S = liczba okresów w sezonie
m = maksymalny czas opóźnienia
r_k = autokorelacja dla opóźnienia czasowego 1, 2, 3, 4, ..., *k*

Kryteria badania

- Jeśli $Q \leq \chi^2(\alpha, db)$Znaczenie: wartość błędu jest losowa (model jest akceptowalny)
- Jeśli $Q > \chi^2(\alpha, db)$co oznacza, że wartość błędu nie jest przypadkowa (model nie może być zaakceptowany).

4.2.4 Parametr Oszacowanie

Metodą, która może być wykorzystana do oszacowania parametrów modelu ARIMA jest metoda najmniejszych kwadratów (Cryer i Chan, 2008). Dla stacjonarnego modelu parametrów AR dokonuje się poprzez uwzględnienie najmniejszej wartości niezerowej, μ. Parametr ten jest następnie szacowany za pomocą najmniejszego kwadratu.

1) Modele AR

Biorąc pod uwagę model pierwszego zamówienia

$Y_t - \mu = \phi(Y_{t-1} - \mu) + e_t$
(4.4)

Widać, że model regresji jest modelem zmiennych predykcyjnych, Y_{t-1} i zmiennej odpowiedzi, Y_t. Proces szacowania najmniejszych kwadratów odbywa się poprzez minimalizację liczby kwadratów z różnych zmiennych regresji.

$$(Y_t-\mu)-\phi(Y_{t-1}-\mu) \tag{4.5}$$

Bo tylko $Y_1, Y_2, \dots, Y_n$ co jest obserwowane, to po prostu sumujemy t = 2 do t = n. Letting

$$S_c(\phi,\mu) = \sum_{t=2}^{n}\{(Y_t-\mu)-\phi(Y_{t-1}-\mu)\}^2 \tag{4.6}$$

Równanie to jest nazywane funkcją warunkowej sumy kwadratowej.

Zgodnie z podstawową zasadą metody najmniejszych kwadratów, możemy oszacować wartości $\emptyset$ i μ poprzez zminimalizowanie równania $S_c(\emptyset,\mu)$ poprzez obserwowane wartości parametrów$Y_1, Y_2, \dots, Y_n$.

Biorąc pod uwagę równanie $\partial S_c/\partial\mu = 0$. Mamy

$$\frac{\partial S_c}{\partial\mu} = \sum_{t=2}^{n} 2[Y_1, Y_2, \dots, Y_n](-1+\phi) = 0$$
(4.7)

lub, w przypadku uproszczenia do

$$\mu = \frac{1}{(n-1)(1-\phi)}\left[\sum_{t=2}^{n} Y_t - \phi\sum_{t=2}^{n} Y_{t-1}\right] \tag{4.8}$$

Teraz, dla dużej wartości *n*

$$\frac{1}{n-1}\sum_{t=2}^{n} Y_t \approx \frac{1}{n-1}\sum_{t=2}^{n} Y_{t-1} = \overline{Y}$$
(4.9)

Tak więc, niezależnie od wartości ϕ, Równanie 4,8 jest zredukowane

$$\hat{\mu} = \frac{1}{1-\phi}(\bar{Y}-\phi\bar{Y}) = \bar{Y}$$

(4.10)

Następnie ponownie rozważamy minimalizację równania $S_c(\phi, \bar{Y})$. Mamy

$$\frac{\partial S_c(\phi,\bar{Y})}{\partial\phi\phi} = \sum_{t=2}^{n} 2[(Y_t-\bar{Y})-\phi(Y_{t-1}-\bar{Y})]\big((Y_{t-1}-\bar{Y})\big)$$

Jeśli funkcja różnicowania jest równa zeru, wynik różnicowania ϕ otrzymywany jest

$$\hat{\phi} = \frac{\sum_{t=2}^{n}(Y_t-\bar{Y})(Y_{t-1}-\bar{Y})}{\sum_{t=2}^{n}\big((Y_t-\bar{Y})\big)^2} \qquad (4.11)$$

Zakłada się, że $(Y_t-\bar{Y})^2$ taki sam jak r_1.

Rozważając model drugiego rzędu w celu uzyskania szacunku ϕ's. Możemy postawić μ z $\bar{Y}$ z powrotem do funkcji warunkowej liczby kwadratowej, tak aby

$$S_c(\phi_1, \phi_2, \bar{Y}) = \sum_{t=3}^{n}[(Y_t-\bar{Y})-\phi_1(Y_{t-1}-\bar{Y})-\phi_2(Y_{t-2}-\bar{Y})]^2$$

Ustalenie zróżnicowania $\partial S_c/\partial\phi_1 = 0$, mamy

$$-2\sum_{t=3}^{n}[(Y_t-\bar{Y})-\phi_1(Y_{t-1}-\bar{Y}) - \phi_2(Y_{t-2}-\bar{Y})](Y_{t-1}-\bar{Y}) = 0$$

A potem możemy go przepisać jako

$$\sum_{t=3}^{n}(Y_t-\bar{Y})(Y_{t-1}-\bar{Y}) = [\sum_{t=3}^{n}(Y_{t-1}-\bar{Y})^2]\phi_1 + [\sum_{t=3}^{n}(Y_{t-1}-\bar{Y})(Y_{t-2}-\bar{Y})]\phi_2$$

Jeśli możemy podzielić obie strony równania za pomocą $\sum_{t=3}^{n}(Y_{t-1}-\bar{Y})^2$Następnie uzyskuje się następujące założenia modelu stacjonarnego

$$r_1 = \phi_1 + r_1\phi_2 \qquad (3.12)$$

Przy takim samym podejściu, równanie różnicujące $\partial S_c/\partial\phi_2 = 0$, został otrzymany

$$r_2 = r_1\phi_1 + \phi_2$$
(3.13)

Te dwa równania są nazywane równaniami Yule-Walkera dla modelu AR (2).

2) Modele MA
Teraz należy rozważyć oszacowanie najmniejszych kwadratów θ w modelu MA(1)

$$Y_t = e_t\text{-}\theta e_{t-1}$$
(3.14)

MA(1) może być zapisana w przeciwnym wypadku, określonym w

$$Y_t = -\theta Y_{t-1}-\theta^2 Y_{t-2}-\theta^3 Y_{t-3}-..+e_t \qquad (3.15)$$

Oszacowania najmniejszych kwadratów można dokonać poprzez zminimalizowanie parametru θz obserwowaną funkcją szeregową $e_t = e_t(\theta)$ oraz parametr szacunkowy θ.

$$S_c(\theta) = \sum(e_t)^2 = \sum\left[Y_t + \theta Y_{t-1} + \theta^2 Y_{t-2} + \theta^3 Y_{t-3}+\ldots\right]^2$$

Z równania (3.23) wynika jasno, że problem najmniejszych kwadratów jest *nieliniowy* w przypadku Parametry.

Nie będziemy w stanie zminimalizować $S_c(\theta)$ ze schematem różnicowania z θ. Tak więc dla prostego modelu MA (1) musimy użyć liczbowych technik optymalizacyjnych. Aby przezwyciężyć ten problem, należy rozważyć jedną wartość θ dla $S_c(\theta)$ musi być rozważona przez obserwację Y's obserwując serię $Y_1, Y_2, \ldots, Y_n$.

Z tego powodu równanie 3.22, które można przepisać jako:

$$e_t = Y_t + \theta e_{t-1} \qquad (3.16)$$

Równanie (3.24) można obliczyć rekurencyjnie, jeśli mamy wartość początkową $e_0 = 0$ jako szacunkowa wartość stanu.

$$\left.\begin{aligned} e_1 &= Y_1 \\ e_2 &= Y_2 + \theta e_1 \\ e_3 &= Y_3 + \theta e_2 \\ &\vdots \\ e_n &= Y_n + \theta e_{n-1} \end{aligned}\right\} \qquad (3.17)$$

Następnie możemy obliczyć $S_c(\theta) = \sum(e_t)^2$ z warunkiem, że $e_0 = 0$ dla jednej wartości θ. W prostych przypadkach można to zrobić, zbliżając się do wartości θ z przedziałem (-1, + 1) w znalezieniu sumy najmniejszych kwadratów. Dla bardziej ogólnego modelu MA (*q*) potrzebne są liczbowe algorytmy optymalizacyjne, takie jak metoda Gaussa-Newtona lub

Neldera-Meada. W przypadku modelu MA wysokiego rzędu obliczamy $e_t = e_t(\theta_1, \theta_2, \dots, \theta_n)$ cyklicznie z

$$e_t = Y_t + \theta_1 e_{t-1} + \theta_2 e_{t-2} + \cdots + q e_{t-q} \qquad (3.18)$$

z $e_0 = e_{-1} = \cdots = e_{-q} = 0$. Liczba kwadratów jest razem minimalizowana na poziomie $\theta_1, \theta_2, \dots, \theta_q$ za pomocą metod numerycznych.

3) Modele mieszane

Biorąc pod uwagę ARMA(1,1)

$$Y_t = \phi Y_{t-1} + e_t - \theta e_{t-1} \qquad (3.19)$$

W przypadku MA, że $e_t = e_t(\phi, \theta)$ i funkcja szacunkowa $S_c(\phi, \theta) = \sum e_t^2$. Równanie 3.27 może być zapisane jako

$$e_t = Y_t - \phi Y_{t-1} + \theta e_{t-1} \qquad (3.20)$$

Warunek ten zostanie spełniony, jeśli zostanie on spełniony poprzez zastosowanie podejścia powtarzalnego przy $t = 2$tak aby suma warunkowych najmniejszych kwadratów została podana w następujący sposób

$$S_c(\phi, \theta) = \sum_{t=2}^{n} e_t^2 \qquad (3.21)$$

Ogólnie rzecz biorąc, ARMA(p, q) można obliczyć w następujący sposób

$$e_t = Y_t - \phi_1 Y_{t-1} - \dots - \phi_p Y_{t-p} + \theta_1 e_{t-1} + \cdots + \theta_q e_{t-q}$$

z $e_p = e_{p-1} = \cdots = e_{p+1-q} = 0$a następnie zminimalizować $S_c\left(\phi_1, \phi_2, \dots, \phi_p, \theta_1, \theta_2, \dots, \theta_q\right)$

liczbowo, aby uzyskać oszacowanie najmniejszego warunkowego kwadratu wszystkich parametrów.

4.2.5 Poziom dokładności pomiaru Poziom wyników predykcji

Zasadniczo, do pomiaru dokładności wyników predykcji można użyć różnych metod. Niektóre metody statystyczne, takie jak Root Mean Square Error (RMSE), Mean Absolute Error (MEA) i Mean Absolute Percentage Error (MAPE). W niniejszym badaniu MAPE jest stosowany jako standardowy pomiar dokładności wyników predykcji. MAPE definiuje się w następujący sposób (Mohamecl i in., 2011):

$$\mathrm{MAPE} = \frac{\sum_{i=1}^{n} \left| \frac{Z_i - \widehat{Z}_i}{Z_i} \right|}{n} \times 100\% \qquad (3.22)$$

gdzie Z_i oraz $\widehat{Z}_i$ jest wartością rzeczywistą i wartością przewidywaną, natomiast *n* jest liczbą przewidywanych wartości.

5

MODELOWANIE I SYMULACJA

W tej części rozdziału opisane zostaną etapy modelowania i symulacji w osiąganiu ostatecznych celów tej książki. Etapy modelowania w tym omówieniu obejmują dane o obciążeniu elektrycznym przed i po przewidywanym. W symulacji wykorzystuje się oprogramowanie programu Minitab w celu określenia najlepszego modelu do przewidywania. Opisowe metody analityczne wykorzystują również program Minitab do przedstawiania dynamiki modelu obciążenia elektrycznego. Prezentacja danych ma na celu osiągnięcie wzorca obciążenia elektrycznego w przyszłości. Tak, aby polityka w zakresie wykorzystania energii elektrycznej i eksploatacji systemu wytwarzania była prowadzona w sposób optymalny. Ponadto, dla celów prognozowania obciążenia z wykorzystaniem oprogramowania Systemu Analizy Statystycznej, SAS.

5.1 PROGNOZOWANIE OBCIĄŻENIA NA PODSTAWIE DSARIMA

Dane wykorzystane w niniejszym opracowaniu dotyczą zużycia energii elektrycznej co trzydzieści minut w okresie od 2 stycznia 2009 r. do 19 listopada 2011 r. w jednostce wytwórczej Państwowego Przedsiębiorstwa Energetycznego w Gresik w Indonezji.

Dane są dystrybuowane dalej: 1. Dane dotyczące szkoleń w okresie od 2 stycznia 2009 r. do 12 listopada 2011 r., 2. Dane do testowania z założeniem rzeczywistych danych w porównaniu z danymi o szkoleniach z prognoz wyników w okresie 13-19 listopada 2011 r.

5.1.1. Parametr Identyfikacja

Aby zidentyfikować dane, pierwszym krokiem, jaki należy podjąć, jest wykreślenie szeregu czasowego danych. Wykres szeregów czasowych jest wyświetlany, aby zobaczyć wzorce danych i stacjonarność danych, co ma na celu określenie modelu ARIMA. Wzorzec danych, jak pokazano na rysunku 5.1, jest bardzo zmienny. Na ten stan prawdopodobnie wpływa zintegrowany system dystrybucji energii elektrycznej w systemie połączeń międzysystemowych Java-Madura-Bali Indonezja.

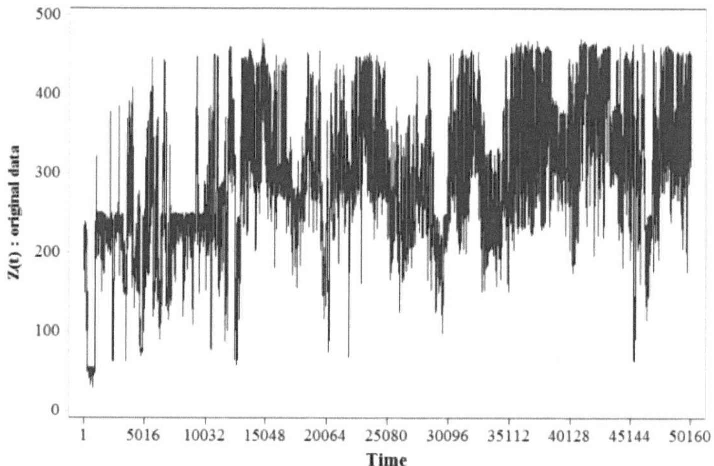

Rysunek 5.1 Wykres danych dotyczących zużycia energii elektrycznej co trzydzieści minut w okresie 2 stycznia 2009 r. - 12 listopada 2011 r.

Odnosząc się do rysunku 5.1, można zauważyć, że dane nie są stałe w wariancji lub średniej. Widoczny zakres rozkładu danych jest bardzo zmienny od czasu do czasu. Więcej szczegółów można znaleźć w funkcji autokorelacji, jak pokazano na rysunku 5.5. A jeśli odnosi się ona do szeregów czasowych, istnieje tendencja, że dane zawierają wzorce sezonowe, jak pokazano na rysunku 5.2.

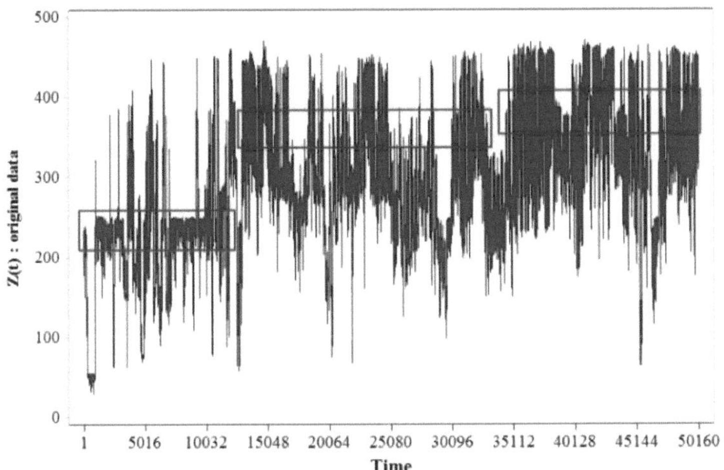

Rysunek 5.2 Wykres danych dotyczących obciążenia elektrycznego z wzorcami sezonowymi (czerwona ramka)

Szereg danych jest uważany za stacjonarny, jeśli proces szeregowania danych nie zmienia się w czasie, niezależnie od tego, czy jest on stacjonarny w wariancji, czy stacjonarny w średniej. Jeśli nie jest on stacjonarny, następuje przekształcenie danych.

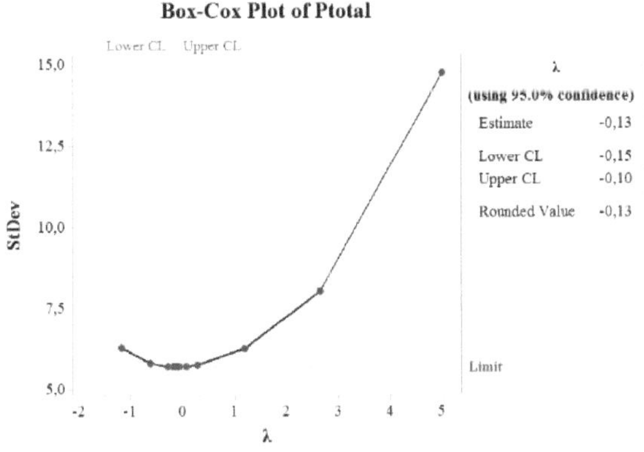

Rysunek 5.3 Schemat przekształcenia Box-Cox

Badanie stacjonarności w wariancji, jeśli *wartość p* lub λ = 1. Na podstawie wyników transformacji dane nie są stałe w wariancji oznaczonej wartością λ = -0,13 jak pokazano na rysunku 5.3. Po przejściu przez proces transformacji dane stają się istotne z wartością λ = 1 jak pokazano na rysunku 5.4

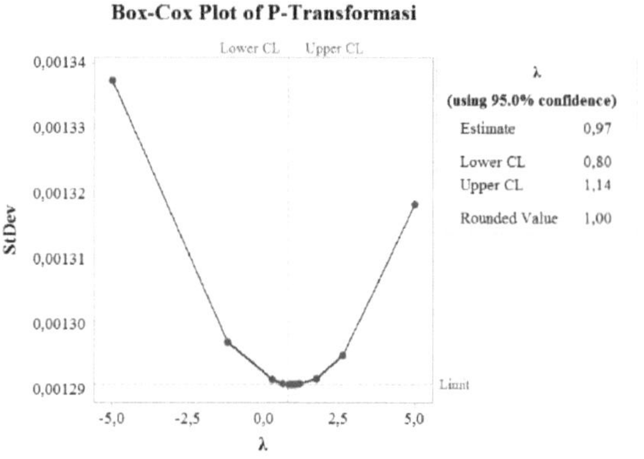

Rysunek 5.4 Schemat przekształcenia Box-Coxa w wariancie stacjonarnym

Stacjonarne w wariancie odbywa się za pomocą metody przekształcania Box-Cox jest jak na rysunku 5.4.

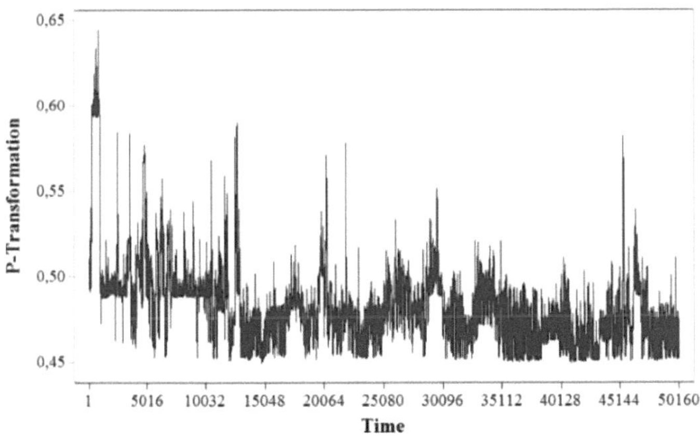

Rys. 5.5 Transformacja danych szeregów czasowych na wykresie

Po przekształceniu danych zostanie ono przekształcone z powrotem, aby uzyskać aktywną wartość danych, w następujący sposób:

$$Z_t^* = Z_t^{-0,13}$$

wtedy,

$$Z_t = \left(Z_t^*\right)^{-\frac{100}{13}}$$

Dane są w wariancji stacjonarne, ale wyniki transformacji na rysunku 5.4 nie są w średniej stacjonarne. Dane nie wykazały stałej wartości w środku.

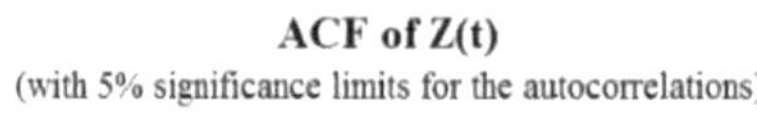

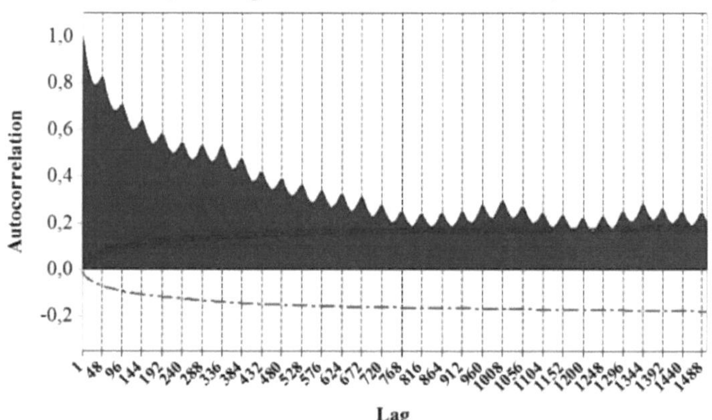

Rys. 5.6 Wykres ACF

Stacjonarność danych można również zobaczyć poprzez wykres funkcji autokorelacji (ACF). Z rysunku 5.6. widać, że współczynnik autokorelacji różni się znacznie od zera i powoli spada. Wzorzec pokazuje, że dane nie są w szczególności stacjonarne w średniej, podczas gdy metoda ARIMA wymaga danych, które są stacjonarne.

Wykres ACF pokazuje również, że istnieją silne przesłanki wskazujące na istnienie wzorca sezonowego zarówno w dziennych, jak i tygodniowych średnich sezonowych, jak pokazano na rysunku 5.7 poniżej.

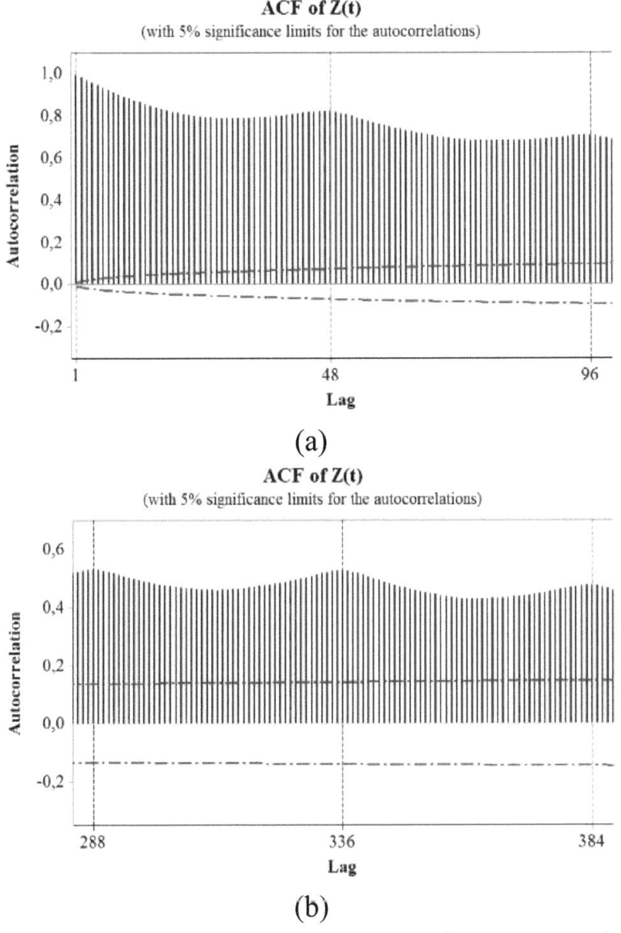

Rys. 5.7 Powierzchnie ACF z wzorcami sezonowymi: a) dzienne sezonowe; b) tygodniowe sezonowe

Na rysunku 5.7a. można zauważyć, że dane dotyczące obciążenia prądem elektrycznym mają charakter sezonowy, czyli dzienny sezonowy, jak widać na rysunkach 48, 96, 144, itd. Na rysunku 5.7b dane zawierają również dane tygodniowe sezonowe, jak pokazano na rysunkach 336, 672, 1008, 1344, itd.

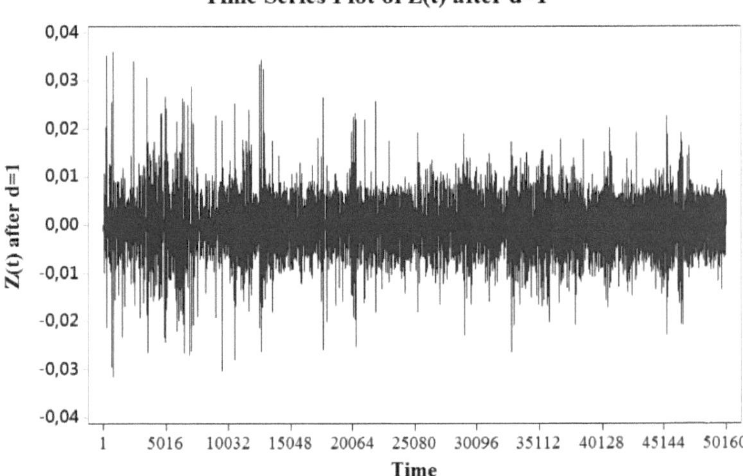

Rys. 5.8 Szeregi czasowe wykresu z pierwszym zróżnicowaniem (d = 1)

Ponieważ dane nie mają charakteru stacjonarnego w średniej wielkości, konieczne jest dokonanie rozróżnienia (d = 1). Wykres szeregów czasowych można przedstawić w sposób przedstawiony na rysunku 5.8 poniżej. Wykres ACF z wynikami różnych danych pokazano na rysunku 5.9 poniżej.

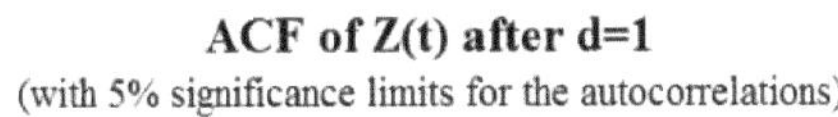

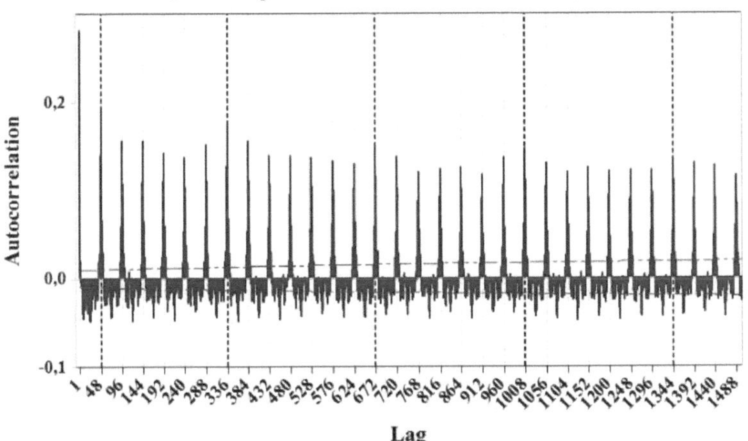

Rysunek 5.9 Wykres ACF po zróżnicowaniu (d = 1)

W oparciu o wykres ACF przedstawiony na rysunku 5.9, wydaje się, że dane niesezonowe były stacjonarne. Jednakże wykresy sezonowe nadal nie są stacjonarne, co wskazuje, że ACF nadal spada powoli w sezonowych opóźnieniach, tj. opóźnieniach 48, 96, 144 itd. oraz w tygodniowych sezonowych opóźnieniach, tj. opóźnieniach 336, 672 itd., jak pokazano na rysunku 5.10 poniżej.

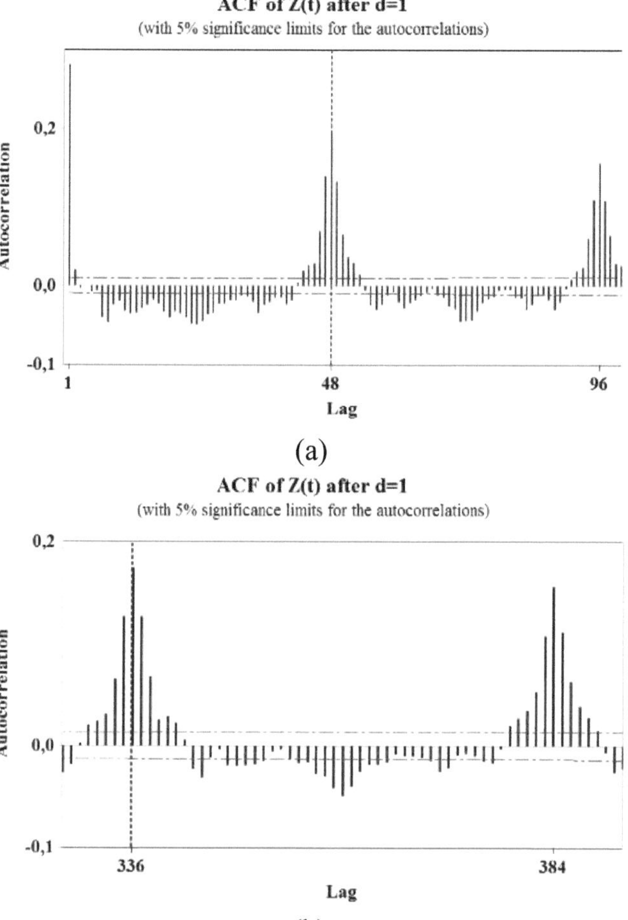

Rys. 5.10 Wykres ACF (d = 1): a) dzienna powierzchnia sezonowa w opóźnieniu 48; b) tygodniowe powierzchnie sezonowe w opóźnieniu 336

Konieczne jest jeszcze raz dokonanie zróżnicowania danych we wzorcu sezonowym ($d = 1, D = 1, s = 48$). Po przejściu przez zróżnicowanie sezonowe istnieją silne oznaki, że wzorce danych były stacjonarne, jak wykres ACF pokazany na Rysunku 5.11 i Rysunku 5.12 poniżej.

Następną wykres danych przedstawiono na rysunku 5.11 poniżej

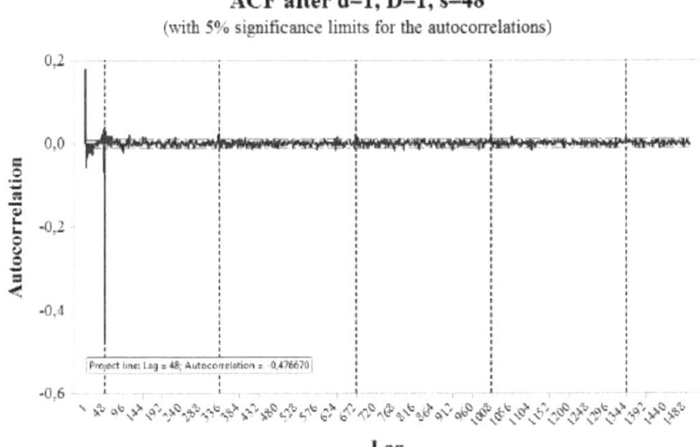

(a)

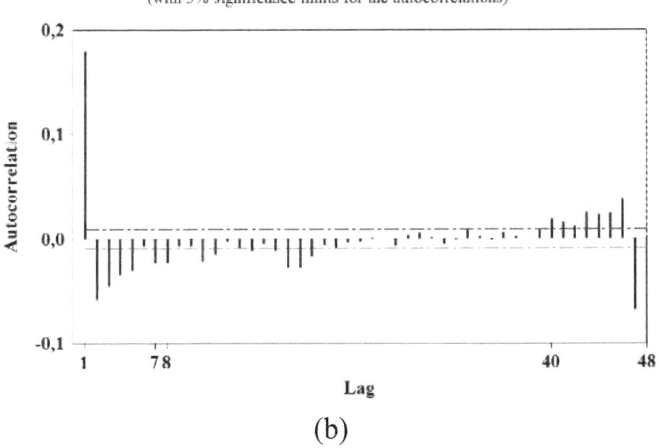

(b)

Rys. 5.11 Wykres ACF (a) dane ogólne; (b) dane niesezonowe

Rysunek 11 przedstawia wykresy przedstawiające wyniki zróżnicowania danych ogólnych oraz wykresy danych niesezonowych. Natomiast wykres 12 przedstawia wykresy danych sezonowych dziennych i tygodniowych. Ten różniący się wynik pokazuje, że najlepszym wykresem jest stacjonarność podwójnych danych sezonowych.

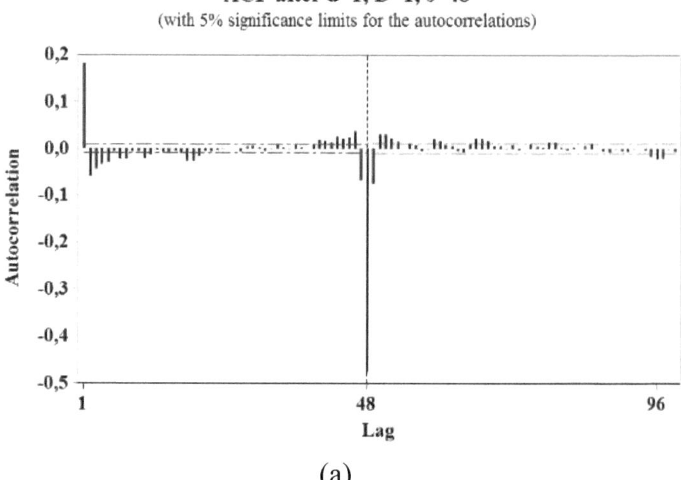

(a)

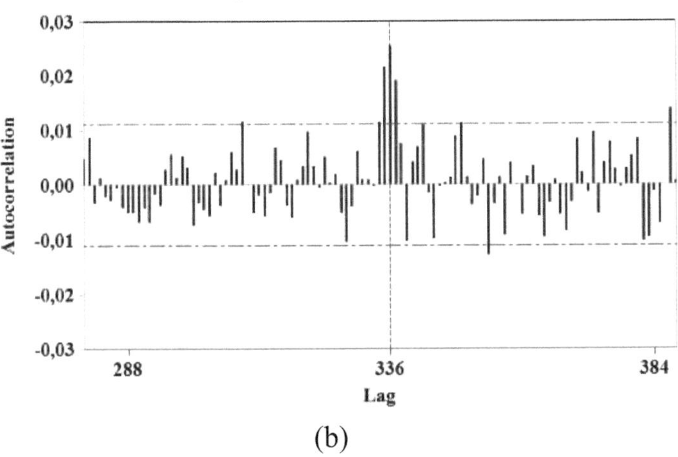

(b)

Gambar 5.12 Dane na temat działki ACF musiman: (a) s = 48; (b) s = 336

W oparciu o działkę ACF do różnicowania $(d = 1, D = 1, s = 48)$ Oczywiste jest, że dane jako całość były stacjonarne w średniej zgodnie z rysunkiem 5.11a.

Wykres danych niesezonowych był stacjonarny w lagach 1, 2, 3, ..., 40. Wzorzec danych ma tendencję do zanikania i będzie odcięty po opóźnieniu 7 i 8 na rysunku 5.11b.

Wykres ACF dla wzorów sezonowych s = 48 po zróżnicowaniu był również stacjonarny w lagach 48, 96, 144, itd. Na rysunku 5.12a wzór danych jest zwykle odcięty po opóźnieniu 48. Wzorzec sezonowy s = 336 na rysunku 5.12b, po opóźnieniu 336.

Dla powierzchni PACF zarówno sezonowych (s = 48) jak i (s = 336), jak pokazano na rysunku 5.13. Po unieruchomieniu wszystkich powierzchni danych ACF i PACF, rzekomy niesezonowy model ARIMA pasuje do topologii stacjonarnej w tabeli 3.1, a sezonowy ARIMA w tabeli 3.2.

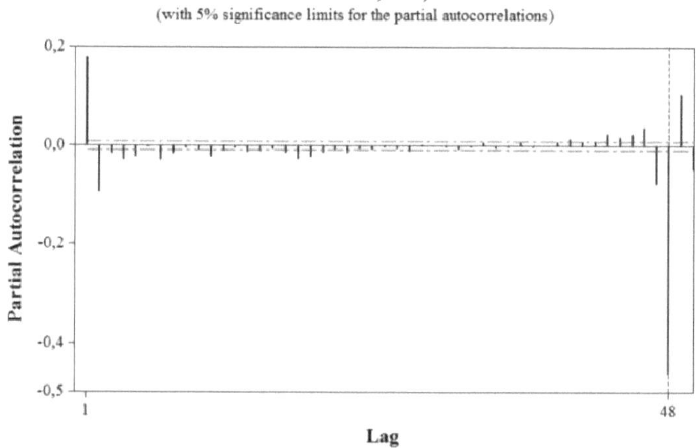

Rysunek 5.13 Wykresy danych PACF po zróżnicowaniu $(\mathrm{d} = 1, \mathrm{D} = 1, \mathrm{s} = 48)$

W oparciu o identyfikację wzorów ACF i PACF w tabeli 5.1, tymczasowe oszacowanie odpowiedniej ARIMY jest podwójną sezonową ARIMĄ$(1,1,1)(0,1,1)^{48}$ $(0,0,1)^{336}$ Modelka.

Istnieje jednak możliwość, że biały szum nie został spełniony, dlatego konieczne jest dodanie lub zmiana kolejności zgodnie z badaniem. Do przetestowania i oszacowania wielu parametrów sezonowych ARIMA wykorzystano System Analizy Statystycznej, SAS.

Tabela 5.1 Powierzchnie identyfikacyjne dla ACF i PACF

Modele	ACF	PACF	Parametry szacunkowe
Poza sezonem	Umiera	Umiera	ARMA(1,1)
Sezonowy (s = 48)	Odcięcie	Umiera	$MGR(1)^{48}$
Sezonowy (s = 336)	Umiera	Umiera	$MGR(1)^{336}$

5.1.2 Parametr Oszacowanie

Współczynniki AR i MA w modelu ARIMA Double Seasonal są szacowane metodą najmniejszych kwadratów. Uzyskana estymacja wstępna jest wykorzystywana jako wartość początkowa metody estymacji iteracyjnej. Za pomocą modelu ARIMA podwójnie sezonowego $(1,1,1)(0,1,1)^{48}(0,0,1)^{336}$ Wstępne oszacowanie współczynników AR i MA przedstawiono w poniższej tabeli 5.2.

Na podstawie tabeli 5.2 dane spełniają kryteria szumu białego o *wartości p* większej niż wartość tolerancji błędu. $\alpha = 5$ procent, o poziomie istotności alfa mniejszym niż 0,0001. Ponadto, model w momencie początkowego oszacowania posiada wzorzec poprawy o 3 parametry MA, a mianowicie MA (1,1), MA (2,1) i MA (3,1), a więc te trzy parametry muszą być uwzględnione w oszacowaniu modelu.

Tabela 5.2 Wyjściowy SAS modelu z iteracyjnym CLS

Parametry	Szacunek	SE	*wartość t:*	Ok. Pr > |t|	Lag
MA1,1	-0,35184	0,01899	-18,53	< 0,0001	1
MA2,1	0,95734	0,0013007	736,02	< 0,0001	48
MA3,1	-0,04526	0.0045103	-10,03	< 0,0001	336
AR1,1	-0,14578	0,02006	-7,27	< 0,0001	1

Podczas gdy badanie rezydualne, które obejmuje założenie dotyczące białego szumu, musi spełniać niezależne kryteria i mieć normalny rozkład $(0, \sigma^2)$. Test Ljung-Box służy do sprawdzenia założenia o niezależności od pozostałości przy pomocy następujących hipotez:

$H_0 : \rho_1 = \rho_2 = \ldots = \rho_K = 0$

H_1 : jest co najmniej jeden ρ_i która nie jest równa zeru dla $i = 1, 2, \ldots, K$.

Z tolerancją błędu wynoszącą 5 %, H_0 jest odrzucany, jeśli *wartość p* < αco oznacza, że reszta nie spełnia założenia białego szumu. Wstępne badania szczątkowe przedstawiono w tabeli 5.3 poniżej.

Na podstawie oszacowanych parametrów współczynnika AR i MA w tabeli 5.3, wykres normalnego prawdopodobieństwa pozostałości musi spełniać założenie dotyczące białego szumu z limitem < $\pm 1.96/\sqrt{n} \approx \pm 0.009$gdzie n to aż 50,160 danych szkoleniowych. Następnie, w oparciu o wstępne wyniki szacunków w tabeli 5.3, konieczne jest oszacowanie w celu spełnienia założenia dotyczącego białego szumu, a mianowicie w lag 2, 3, 4, 5, 7, 8, 11, 16, 17, 18, 19, 20, 21, 22, 23 , 27,29,30, 31, 46, 47 i 48 w oparciu o wyniki ACF w tabeli 5.3.

Tabela 5.3 Wyjściowy SAS modelu z ACF Check of Residuals

Do Lag	ChiSq	Pr > ChiSq	Wyniki ACF					
6	153,39	< 0,0001	-0,002	-0,019	-0,041	-0,017	-0,028	-0,.008
12	274,15	< 0,0001	-0,033	-0,027	-0,014	-0,009	-0,014	-0,007
18	342,13	< 0,0001	-0,009	-0,009	-0,008	-0,017	-0,016	-0,023
24	422,74	< 0,0001	-0,023	-0,018	-0,020	-0,011	-0,013	-0,003
30	473,05	< 0,0001	-0,009	-0,008	-0,017	-0,008	-0,017	-0,014
36	489,03	< 0,0001	-0,011	-0,009	-0,002	0,000	-0,010	0,000
42	497,60	< 0,0001	-0,007	-0,008	0,002	-0,005	-0,004	0,003
48	804,03	< 0,0001	0,001	0,002	0,006	0,018	0,044	0,060

Po przejściu przez wstępny etap selekcji, a następnie dokonaniu szeregu uzupełnień i redukcji parametrów, które spełniają założenie "białego szumu" z warunkami normalnej wartości prawdopodobieństwa rezydualnego wynoszącej < $\pm 1.96/\sqrt{n} \approx \pm 0.009$. Najlepsze wyniki iteracji uzyskanych parametrów AR i MA przedstawiono w tabeli 5.5 poniżej. DSARIMA ([1,2,5,6,7,11,16,18,35,46], 1, [1,3,13,21,27, 46])$(1,1,1)^{48}(0,0,1)^{336}$ Modelka.

Założenie dotyczące hałasu białego opiera się na ostatecznych wynikach szacunkowych współczynników AR i MA o granicy normalnego prawdopodobieństwa resztkowego wynoszącego $< \pm 1.96/\sqrt{n} \approx \pm 0.009$. Wyniki kontroli szczątkowej przedstawiono w tabeli 5.4 poniżej. Wyniki estymacji są istotne dla opóźnień sezonowych, zwłaszcza wyniki estymacji z opóźnieniem 48.

5.2 POZIOM PROGNOZOWANIA BADAŃ DOKŁADNOŚCI

Badając dokładność różnicy między danymi dotyczącymi mocy czynnej a przewidywanymi wynikami, uzyskano wynik badania z zastosowaniem procedury MAPE na poziomie 1,56 procent.

Tabel 5.4 Wyjściowy SAS modelu z ACF Check of Residuals

Do Lag	ChiSq	Pr > ChiSq	Wyniki ACF					
6	-	-	0,000	0,000	-0,002	0,004	0,001	0,.002
12	-	-	-0,005	-0,002	0,008	0,000	-0,007	-0,004
18	-	-	0,005	0,001	-0,008	0,001	-0,003	-0,003
24	18,10	0,0028	-0,007	-0,000	0,001	0,003	-0,001	0,002
30	24,78	0,0098	-0,005	-0,005	-0,002	0,009	0,001	-0,001
36	31,03	0,0198	-0,005	-0,004	-0,000	-0,001	-0,004	0,008
42	33,77	0,0686	-0,000	-0,005	0,004	0,000	0,000	0,004
48	37,61	0,1314	0,005	0,006	-0,002	-0,002	0,003	-0,000

Tabela 5.4 Wyjściowy SAS modelu z iteracyjnym CLS

Paramet r	Szacune k	Błąd standardow y	*t* Wartoś ć	Ok. Pr > |t|	La g

MA1,1	0,934	0,01770	52,78	< 0,0001	1
MA2,1	-0,077	0,0072138	-10,64	< 0,0001	3
MA3,1	0,008	0,0038171	2,18	0,0293	13
MA1,4	0,00685	0,0031724	2,16	0,0309	21
MA1,5	0,017	0,0027856	5,92	< 0,0001	27
MA1,6	0,059	0,0067600	8,67	< 0,0001	46
MA2,1	0,98	0,0009744	1003,38	< 0,0001	48
MA3,1	-0.0364	0,0045572	-7,98	< 0,0001	336
AR1,1	1,1464	0,01855	61,81	< 0,0001	1
AR1,2	-0,295	0,0087427	-33,79	< 0,0001	2
AR1,3	-0,0104	0,0052195	-2,00	0,0454	5
AR1,4	0,0189	0,0067496	2,80	0,0051	6
AR1,5	-0,0234	0,0047509	-4,93	< 0,0001	7

AR1,6	-0,004	0,0030582	-1,29	0,1958	11
AR1,7	-0,0083	0,0033299	-2,49	0,0126	16
AR1,8	-0,0125	0,0033252	-3,77	0,0002	18
AR1,9	-0,007	0,0022520	-3,26	0.0011	35
AR1,8	-0,0125	0,0033252	-3,77	0,0002	18
AR1,9	-0,007	0,0022520	-3,26	0.0011	35
AR1,10	0,07	0,0067089	10,62	< 0,0001	46
AR2,1	0,03	0,0050410	5,86	< 0,0001	48

5.3 WYNIKI PROGNOZOWANIA OBCIĄŻENIA ELEKTRYCZNEGO

W oparciu o końcowe wyniki oszacowania parametrów, podane w tabeli 5.4, określono parametry współczynnika ARIMA. Na podstawie wyników predykcji parametrów uzyskanych za pomocą następującego równania modelowego:

$$(1 - 1.1464B + 0.295B^2 + 0.0104B^5 - 0.0189B^6 + 0.0234B^7 + 0.004B^{11} + 0.0083B^{16} + 0.0125B^{18} + 0.0074B^{35} - 0.07B^{46})(1 - 0.03B^{48})Z_t^* = (1 - 0.934B + 0.077B^3 - 0.008B^{13} - 0.00685B^{21} - 0.017B^{27} - 0.059B^{46})$$

$(1\text{-}0.98B^{48})(1 + 0.0364B^{336})a_t$

Po przejściu z powrotem przez transformację Z_t, otrzymujemy porównanie przewidywanego obciążenia elektrycznego z danymi aktywnymi na rysunku 5.14 poniżej

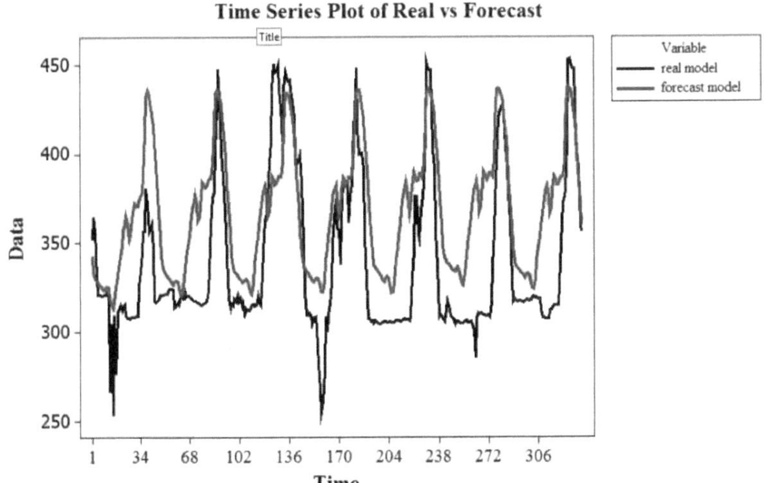

Rys. 5.14 Porównanie aktywnych obciążeń elektrycznych z wynikami przewidywanymi

5.4 ELEKTRYCZNE MODELOWANIE OBCIĄŻENIA

Zastosowanie opisowych metod analitycznych w tej książce zostało przedstawione w celu uzyskania istotnych informacji w zarządzaniu optymalną energią elektryczną, tak jak zrobił to autor (Mado, Soeprijanto i Suhartono, 2015). Poprzez rozkład częstotliwości, dane mogą być uporządkowane w oparciu o określone kryteria. Kategorie danych prezentowane są w oparciu o rzędy rankingowe, które zawierają dane rankingowe począwszy od najwyższego lub szczytowego obciążenia do najniższej wartości danych. Ten opisowy rozkład analityczny jest prezentowany przy zastosowaniu podejścia grupowego lub klastra danych.

Przedstawiono tu również pomiar tendencji centralnej, który pokazuje lokalizację największej części wartości w rozkładzie, w tym mediany i wartości średnie. A aby uzyskać wartość odchylenia od centrum danych, dane są mierzone wartością zmienności. Ten pomiar zmienności obejmuje odchylenie standardowe i jego wartość kwartylową. Główną funkcją pomiaru variabilitis jest opisanie zmian lub odchyleń od danych.

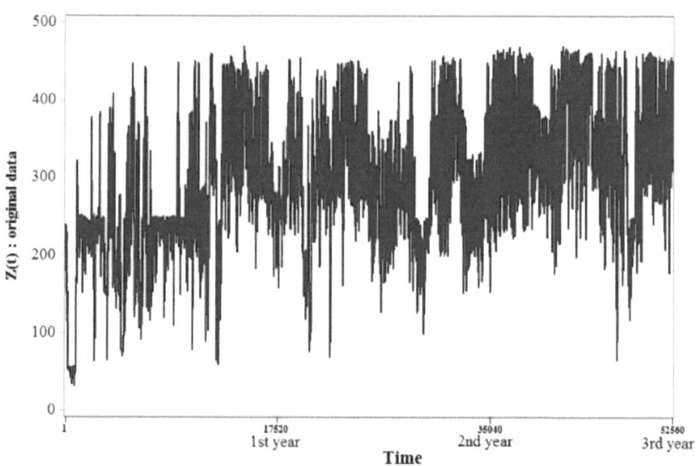

Rysunek 5.15 Dane dotyczące szkoleń

5.4.1 Modelowanie danych dotyczących szkolenia w zakresie obciążeń elektrycznych

Dane wykorzystywane do szkoleń to aż 50.160 danych mierzonych co pół godziny zużycia energii elektrycznej w obciążeniu. Odchylenie danych jest znaczne przy odchyleniu standardowym 82,90 przy 6872,99 wariantach danych. Informacje te wskazują, że dane te są bardzo zmienne. A w czasie obciążenia największe pochłanianie energii elektrycznej lub tzw. obciążenie szczytowe jest o 15:30, które w piątek wynosiło 170,47 MWh.

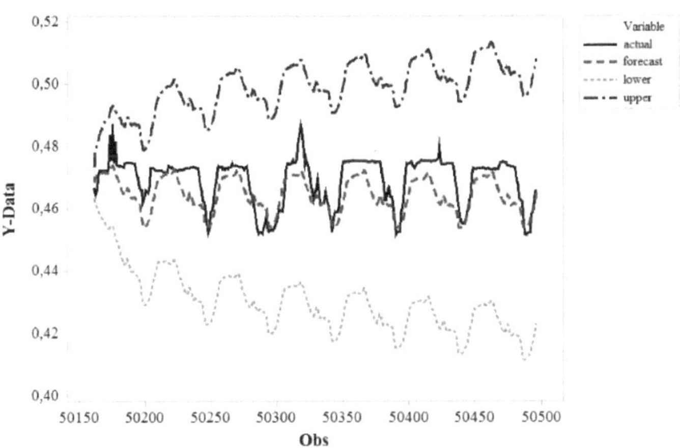

Rysunek 5.16 Porównanie danych na wykresie

5.4.2 Porównanie danych dotyczących przewidywanych i rzeczywistych wyników

Należy przetestować dane prognostyczne, a mianowicie porównać je z danymi rzeczywistymi w ramach danych testowych, jak na rysunku 5.14 powyżej. Liczba danych prognostycznych krótkoterminowych wynosi 336 danych co pół godziny do przodu.

Tendencja danych pochodzących z odchyleń jest bardzo znacząca w porównaniu z danymi początkowymi przed ich przewidywaniem, a mianowicie przy odchyleniu standardowym wynoszącym 44,94 dla danych rzeczywistych i 36,26 dla wyników prognozowania. Informacje te pokazują, że dane te są coraz bardziej jednorodne lub z mniejszymi odchyleniami danych.

Podczas gdy maksymalna absorpcja mocy lub obciążenie szczytowe wynosi 453,16 dla mocy rzeczywistej i 445,75 dla mocy prognozowanej. Przy porównaniu obciążenia szczytowego dla górnej i dolnej granicy 445,75 i 314,95 z wynikami przewidywanymi z rysunkiem 5.16.

5.4.3 Wyniki przewidywania w czasie (Time Based Prediction Results)

Dane prognostyczne wyświetlane są w postaci czasu pomiaru co pół godziny zużycia energii elektrycznej w środku obciążenia na rysunku 5.17 poniżej.

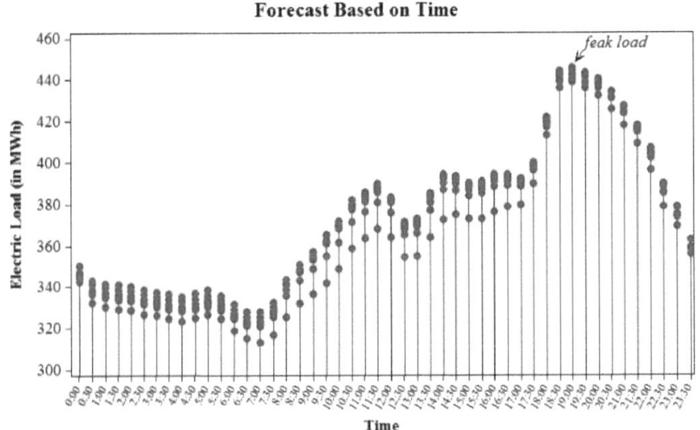

Rysunek 5.17 Dane a czas pomiaru

Wizualizacje w innych formach mogą być wyświetlane w postaci grafiki boxplot. Na rysunku 5.18 pokazano zakres (w ramce) każdej godziny pomiaru oraz linię wartości średniej z każdego półgodzinnego pomiaru.

Na rysunku 5.18 pokazano, że dane znajdują się zazwyczaj na poziomie minimalnym, pierwszym kwartylu i wartości mediany. Obciążenie energią elektryczną wzrasta w odstępach trzeciego kwartyla oraz przy obciążeniu maksymalnym. Stan ten występuje pomiędzy 18:30 a 21:30 w nocy.

Każdy pomiar absorpcji mocy elektrycznej w centrum obciążenia ma obciążenie szczytowe. Na podstawie danych pomiarowych można stwierdzić, że absorpcja mocy szczytowej ma miejsce o 19:00 i zazwyczaj tendencja obciążenia szczytowego występuje w tej godzinie.

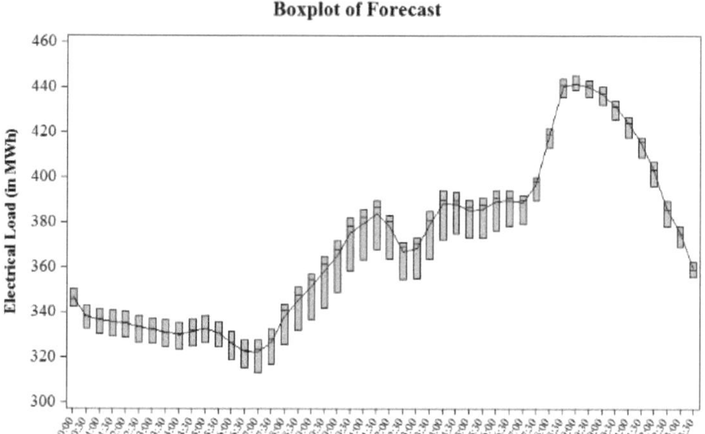

Rysunek 5.18 Wykres prognozy Boxplot

Descriptive Statistics: Forecast

Variable	N	Mean	StDev	Variance	Minimum	Q1	Median	Q3	Maximum
Forecast	336	370,53	36,26	1314,67	312,91	335,64	370,55	390,83	445,75

Variable	Range	IQR	Mode	N for Mode
Forecast	132,83	55,19	330,196	8

Dysponujemy zestawem danych, które mogą być przetwarzane w celu opisania wykorzystania obciążeń elektrycznych we wszystkich jego wariantach.

5.4.4 Wyniki przewidywania danych na dzień

W niniejszym omówieniu przedstawiono badanie obciążenia elektrycznego w ciągu tygodnia na podstawie przewidywanych wyników krótkoterminowego obciążenia elektrycznego. Opis ten przedstawia dynamikę obciążenia szczytowego i średnie dzienne wykorzystanie obciążenia.

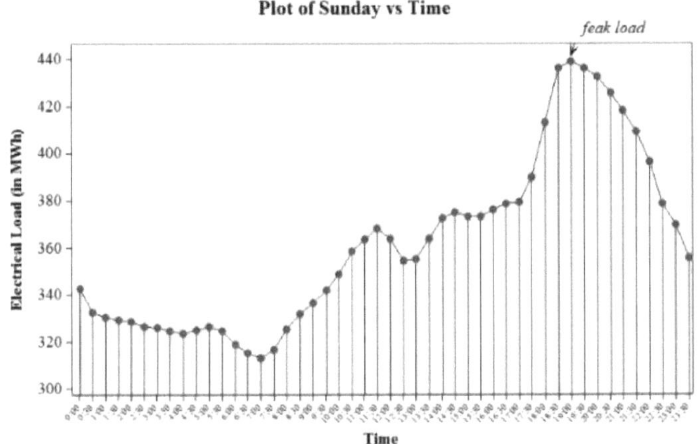

Rysunek 5.19 Niedziela na podstawie działki

Dane prognozowane na niedzielę, jak pokazano na rysunku 5.19 powyżej. Obciążenie szczytowe wystąpiło o godzinie 19:00 i wynosiło 438,99 MWh. W niedzielę dane te mają średni trend użytkowania 361,19 MWh.

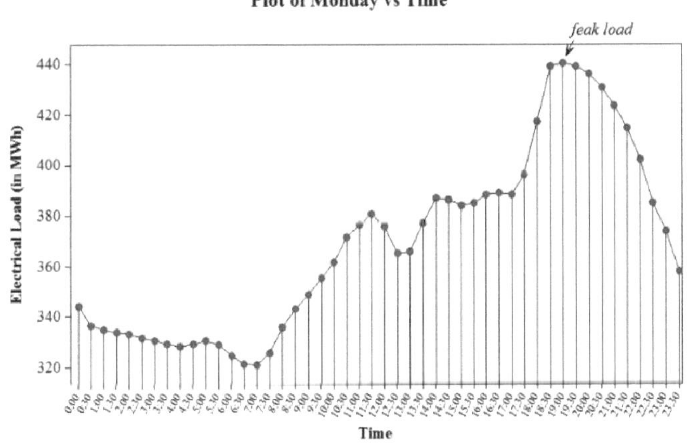

Rys. 5.20 Rysunek 5.20 Poniedziałek w oparciu o działkç

Obciążenie szczytowe wystąpiło o godzinie 19:00 i wynosiło 440,48 MWh przy minimalnym zakresie absorpcji mocy 320,64 MWh. Od tego poniedziałku pokazanego na rysunku 5.20. dane mają tendencję do wykorzystywania średnio 368,67 MWh.

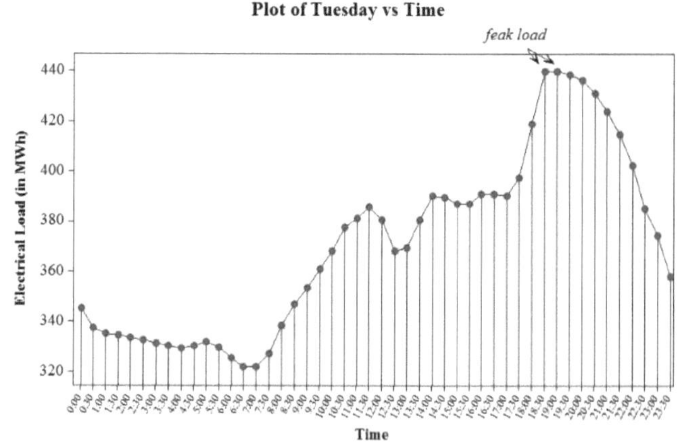

Rysunek 5.21 Wtorek na podstawie wykresu

We wtorek pokazany na rysunku 5.21. obciążenie szczytowe wystąpiło w godzinach 19:00 i 19:30 i wyniosło 439,73 MWh. Możliwość wystąpienia tego obciążenia szczytowego może wystąpić w tych samych warunkach obciążenia w różnych godzinach. Od tego wtorku dane mają tendencję do wykorzystywania średnio 370,62 MWh.

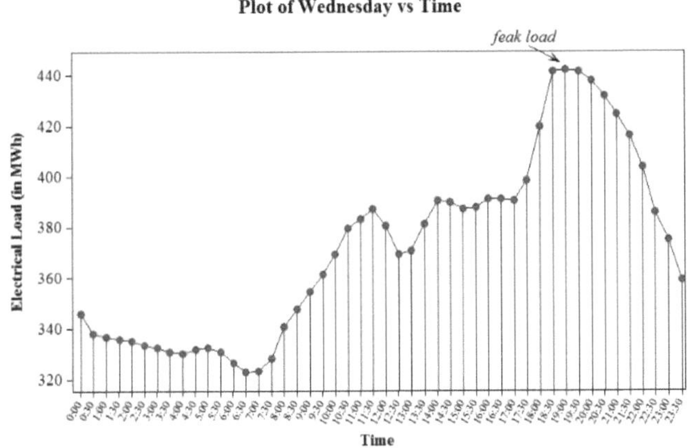

Rysunek 5.22 Środa w oparciu o działkę

W środę pokazaną na rysunku 5.22. obciążenie szczytowe wystąpiło również o godzinie 19:00 i wynosiło 441,98 MWh przy minimalnym zakresie absorpcji energii elektrycznej 322,26 MWh. Dla tej środy dane te mają średni trend użytkowania 371,62 MWh.

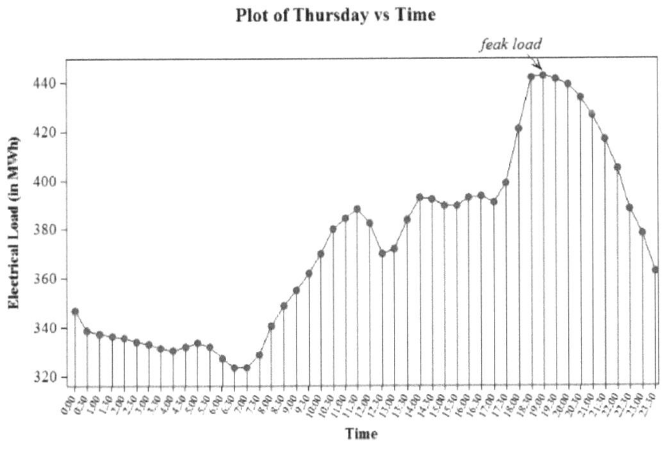

Rysunek 5.23 Czwartek w oparciu o działkę

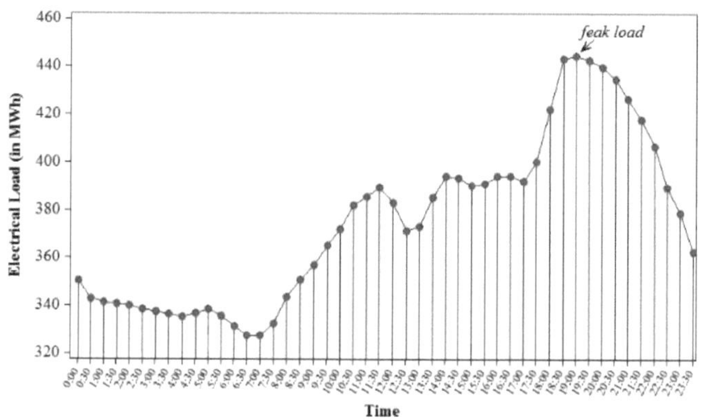

Rysunek 5.24 Piątek w oparciu o działkę

W czwartek pokazany na rysunku 5.23. obciążenie szczytowe wystąpiło również o godzinie 19.30 i wynosiło 442,73 MWh przy minimalnym zakresie absorpcji energii elektrycznej 323,26 MWh. Dla tego czwartku dane te mają średni trend użytkowania 372,81 MWh.

W piątek pokazany na rysunku 5.24. obciążenie szczytowe wystąpiło również o godzinie 19:00 i wynosiło 444,23 MWh przy minimalnym zakresie absorpcji energii elektrycznej 327,51 MWh. Dla tego piątku dane te mają średni trend użytkowania 375,14 MWh.

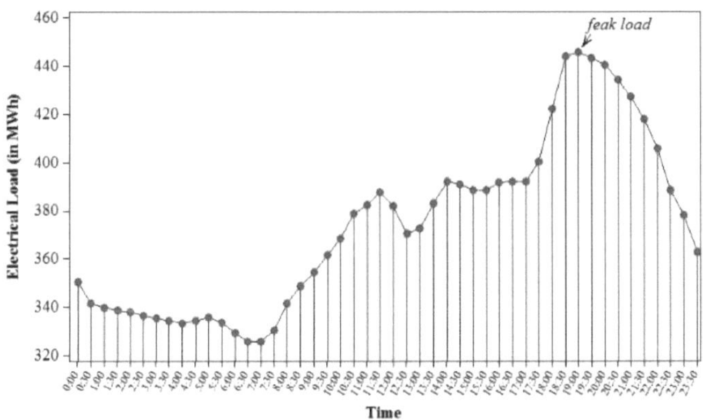

Rysunek 5.25 Plansza na podstawie danych z soboty

Natomiast szczytowe obciążenie w sobotę również wystąpiło o godzinie 19:00, wynosząc 445,75 MWh przy zakresie absorpcji energii elektrycznej co najmniej 325,38 MWh. Od tego wtorku dane te mają średni trend zużycia na poziomie 373,64 MWh.

5.4.5 Dane dotyczące przewidywanego klastra

W analizie opisowej na wykresie rozkładu częstotliwości można przedstawić pomiary tendencji centralnych, jak również wartości minimalnych, maksymalnych i pomiar zmienności. Celem prezentacji i dostarczanych informacji, oprócz możliwości opisania tendencji danych do tworzenia pewnego wzorca, analiza ta może być również wykorzystana jako punkt odniesienia dla zmian mocy elektrycznej w systemie wytwarzania energii elektrycznej.

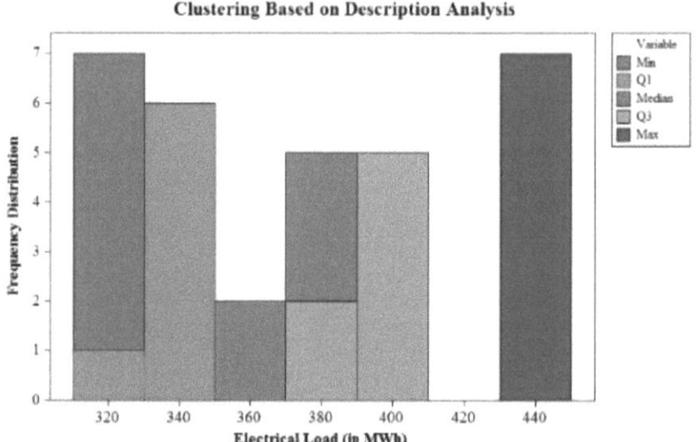

Rysunek 5.26 Zakres odstępów czasowych dla wymagań dotyczących zasilania elektrycznego

Wymagania dotyczące mocy elektrycznej są modelowane w oparciu o opisowe metody analityczne, w tym minimalne odstępy mocy, pierwszy kwartyl, mediana, trzeci kwartyl i maksymalne obciążenie elektryczne. Ta tendencja danych jest modelowana w oparciu o przedziały czasowe lub tzw. klasterowe wzorce obciążenia elektrycznego.

Przewidywanie rozkładu wyników częstotliwości energii elektrycznej jest bardzo interesujące w zarządzaniu pracą i projektowaniu sterowania systemem wytwórczym. Widać, że ta sama tendencja danych w różnych klastrach na rysunku 5.25. występuje pomiędzy klastrem minimalnej mocy elektrycznej a pierwszym kwartylem, a także rozkładem w klastrze środkowym i trzecim kwartylu. Polityka zarządzania eksploatacją musi być tak dobrana, aby zapobiegać awariom lub przeciążeniom.

Autor zastosował klaster obciążeń do układu sterowania generatorem w celu osiągnięcia optymalnej stabilności układu generatorowego (Mado i Soeprijanto, 2014).

6

STRESZCZENIE

6.1 PODSUMOWANIE

Analiza szeregów czasowych jest trendem w badaniach elektroenergetycznych. Badanie prognozowania obciążenia elektrycznego jest jedną z realizacji dotychczasowego badania. Studium prognozowania obciążenia elektrycznego staje się bardzo potrzebne. Studium to wynika ze zmian zapotrzebowania na energię elektryczną, które każdy użytkownik ma bardzo duży wpływ na system wytwarzania i zarządzania energią elektryczną.

Badanie prognozowania szeregów czasowych obciążenia elektrycznego jest wyborem metody, która jest odpowiednia do charakterystyki obciążenia elektrycznego. Ponadto, prognozowanie danych szeregów czasowych jest w stanie wytworzyć dane, które nie są uwzględnione w procesie szkolenia danych. Do celów niniejszych badań nad obciążeniem elektrycznym, metoda DSARIMA staje się wyborem, który jest odpowiedni dla charakterystyki obciążenia elektrycznego. Model w tym badaniu jest w stanie przewidzieć ze średnią dokładnością, MAPE 1,56 procent.

Natomiast poprzez modelowanie obciążeń elektrycznych w oparciu o opisowe metody analityczne uzyskano wiedzę na temat dynamiki obciążeń elektrycznych. Schematy obciążeń elektrycznych mają charakterystykę sezonową w odstępach dziennych i tygodniowych. Sezonowość dobowa, którą jest energia elektryczna, mierzona co trzydzieści minut, ma tendencję do zmiany wzorców zużycia i skutków dla zarządzania energią. Sezonowość tygodniowa jest tendencją do wzorców zużycia opartych na dniu. Dzienne trendy zużycia będą się różnić w zależności od dnia tygodnia. Wzorzec ten tworzy unikalną charakterystykę obciążenia za każdym razem.

Analityczne modelowanie opisowe jest w stanie odpowiedzieć na wyzwania polityki optymalnego wykorzystania energii elektrycznej i funkcjonowania systemów wytwórczych, które są w stanie utrzymać równowagę mocy elektrycznej w zakresie wytwarzania i odbiorców.

6.2 ZALECENIE

Badania te mogą być rozwijane dla dalszych badaczy. Zalecenia, które mogą być przedstawione w tej książce, obejmują:

Po pierwsze, modelowanie i prognozowanie obciążeń elektrycznych może być kontynuowane w różnych przypadkach dynamiki obciążeń elektrycznych w związku z wykorzystaniem energii elektrycznej w centrum obciążenia. Badania te są w stanie

odpowiedzieć na wyzwania związane z polityką wykorzystania energii elektrycznej w przyszłości.
Po drugie, duże systemy połączeń międzysystemowych. Koordynacja pomiędzy systemami wytwórczymi w zakresie dostarczania energii elektrycznej do centrum przetwarzania danych staje się studium wykonalności.
Po trzecie, można rozwijać dalsze badania w celu utrzymania równowagi pomiędzy wytwarzaną i potrzebną energią elektryczną. Jednym z nich jest badanie stabilności małych sygnałów w systemach wytwarzania energii elektrycznej. Modelowanie i prognozowanie obciążenia elektrycznego będzie stanowić odniesienie do parametrów sterowania zasilaniem po stronie elektrowni.

REFERENCJE

[1]. Tsekouras, G.J., Dialynas, E.N., Hatziargyriou, N.D. i Kavatza, S., 2007. A non-linear multivariable regression model for midterm energy forecasting of power systems. *Electric Power Systems Research*, 77(12), s. 1560-1568.

[2]. McSharry, P.E., Bouwman, S. i Bloemhof, G., 2005. Probabilistyczne prognozy dotyczące wielkości i czasu trwania szczytowego zapotrzebowania na energię elektryczną. *IEEE Transactions on Power Systems*, 20(2), s. 1166-1172.

[3]. Gonzalez-Romera, E., Jaramillo-Moran, M.A. i Carmona-Fernandez, D., 2006. Miesięczne prognozowanie zapotrzebowania na energię elektryczną w oparciu o trend wydobycia. *IEEE Transakcje na systemach energetycznych*, 21(4), str. 1946-1953.

[4]. Taylor, J.W. i McSharry, P.E., 2007. Krótkoterminowe metody prognozowania obciążenia: Ocena w oparciu o dane europejskie. *IEEE Transactions on Power Systems*, 22(4), str.2213-2219.

[5]. Hahn, H., Meyer-Nieberg, S. i Pickl, S., 2009. Metody prognozowania obciążenia elektrycznego: Narzędzia do podejmowania decyzji. *European journal of operational research*, 199(3), pp.902-907.

[6]. Troncoso Lora, A., Riquelme Santos, J.M.,

Riquelme Santos, J.C., Gómez Expósito, A. i Martínez Ramos, J.L., 2003. Time-Series Prediction: Zastosowanie do krótkoterminowego zapotrzebowania na energię elektryczną. *Current Topics in Artificial Intelligence, Lecture Notes in Computer Science*, Volume 3040, pp.577-586.

[7]. Al-Hamadi, H.M. i Soliman, S.A., 2005. Długoterminowe/średnioterminowe prognozowanie obciążenia elektrycznego na podstawie korelacji krótkoterminowej i wzrostu rocznego. *Badania systemów elektroenergetycznych*, 74(3), s. 353-361.

[8]. Al-Hamadi, H.M. i Soliman, S.A., 2004. Krótkoterminowe prognozowanie obciążeń elektrycznych w oparciu o algorytm filtrowania Kalmana z ruchomym oknem modelu pogody i obciążenia. *Badania systemów zasilania elektrycznego*, 68(1), s. 47-59.

[9]. Taylor, J.W., 2006. Prognoza zagęszczenia dla efektywnego bilansowania wytwarzania i zużycia energii elektrycznej. *International Journal of Forecasting*, 22(4), str.707-724.

[10]. Soliman, S.A.H. i Al-Kandari, A.M., 2010. Prognozowanie *obciążeń elektrycznych: modelowanie i budowa modelu.* Elsevier

[11]. Hassan, S.N., Ahmad, M.H. i Mohamed, N., 2012. Porównanie wyników prognozowanych dla dwukrotnie sezonowego modelu ARIMA i dwukrotnie sezonowego modelu ARFIMA zapotrzebowania na energię elektryczną. *Applied*

Mathematical Sciences, 6(135), s. 6705-6712.

[12]. Mohamed, N., Ahmad, M.H. i Ismail, Z., 2010. Podwójny sezonowy model ARIMA do prognozowania zapotrzebowania na obciążenia. *MATEMATIKA: Malaysian Journal of Industrial and Applied Mathematics*, 26, s. 217-231.

[13]. Mohamed, N., Ahmad, M.H. i Ismail, Z., 2010. Krótkoterminowe prognozowanie obciążeń przy użyciu podwójnego sezonowego modelu ARIMA. In *Proceedings of the Regional Conference on Statistical Sciences* (Vol. 10, pp. 57-73).

[14]. Suhartono, S., 2011. Prognozowanie szeregów czasowych z wykorzystaniem sezonowej autoregresywnej zintegrowanej średniej kroczącej: Model podzbiorczy, mnożnikowy lub addytywny. *J. Math. Stat*, *7*, s. 20-27

[15]. Pereira, C.M., de Almeida, N.N. i Velloso, M.L., 2015. Modelowanie rozmyte do prognozowania serii czasowych obciążeń elektrycznych. *Procedia Computer Science*, 55, str. 395-404.

[16]. Mamlook, R., Badran, O. i Abdulhadi, E., 2009. Rozmyty model wnioskowania do krótkoterminowego prognozowania obciążenia. *Energy Policy*, 37(4), s. 1239-1248.

[17]. Ramos, S., Soares, J., Vale, Z. i Ramos, S., 2013, lipiec. Krótkoterminowe prognozowanie obciążeń w oparciu o profilowanie obciążeń. W *2013 r. Walne Zgromadzenie Towarzystwa Energetycznego IEEE Power & Energy (str.* 1-5). IEEE.

[18]. Kandil, N., Wamkeue, R., Saad, M. i Georges, S., 2006, July. Skuteczne podejście do prognozowania krótkookresowego obciążenia przy użyciu sztucznych sieci neuronowych. W *2006 r. IEEE International Symposium on Industrial Electronics* (Vol. 3, pp. 1928-1932). IEEE .

[19]. AlRashidi, M.R. i El-Naggar, K.M., 2010. Długoterminowe prognozowanie obciążeń elektrycznych w oparciu o optymalizację roju cząstek. *Energia stosowana*, 87(1), str.320-326.

[20]. Puspitasari, I., Akbar, M.S. i Lee, M.H., 2012, wrzesień. Dwupoziomowy sezonowy model oparty na hybrydowym ARIMA-ANFIS do prognozowania krótkoterminowego obciążenia elektrycznego w Indonezji. W *2012 roku Międzynarodowa Konferencja Statystyki w Nauce, Biznesie i Inżynierii (ICSSBE)* (s. 1-5). IEEE .

[21]. El Desouky, A.A. i El Kateb, M.M., 2000. Hybrydowe techniki adaptacyjne do prognozowania obciążenia elektrycznego przy użyciu ANN i ARIMA. *IEE Proceedings-Generation, Transmission and Distribution*, 147(4), str.213-217.

[22]. Nie, H., Liu, G., Liu, X. i Wang, Y., 2012. Hybryda ARIMA i SVM do krótkoterminowego prognozowania obciążenia. *Energy Procedia*, 16, s. 1455-1460.

[23]. Liang, R.H. i Cheng, C.C., 2000. Łączone podejście regresyjno-przepustowe do

krótkoterminowego prognozowania obciążenia. *IEE Proceedings-Generation, Transmission and Distribution*, 147(4), str. 261-266.

[24]. Niu, D., Lv, H. i Zhang, Y., 2009, August. Kombinowany model prognozowania obciążenia średnio- i długookresowego oparty na wektorowych maszynach nośnych o najmniejszych kwadratach i algorytmie optymalizacji roju cząstek. W *2009 r. Międzynarodowa Wspólna Konferencja Bioinformatyki, Biologii Systemów i Inteligentnych Obliczeń* (s. 525-528). IEEE .

[25]. Sunaryo, S., Suhartono, S. i Endharta, A.J., 2011. Podwójnie sezonowe sieci neuronowe do prognozowania krótkookresowego zapotrzebowania na energię elektryczną w Indonezji. W *sieciach neuronowych rekurencyjnych do czasowego przetwarzania danych*. IntechOpen.

[26]. Srinivas, E. i Jain, A., 2009, marzec. Metodologia krótkoterminowego prognozowania obciążenia przy użyciu logiki rozmytej i podobieństwa. In *The National Conference on Advances in Computational Intelligence Applications in Power, Control, Signal Processing and Telecommunications (NCACI-2009), Bhubaneswar, Indie.*

[27]. Çevik, H.H. i Çunkaş, M., 2015. Krótkoterminowe prognozowanie obciążeń przy użyciu logiki rozmytej i ANFIS. *Neural Computing and*

Applications, 26(6), str.1355-1367.

[28]. Von Meier, A., 2006. *Systemy zasilania elektrycznego: koncepcyjne wprowadzenie*. John Wiley & Sons.

[29]. Makridakis, S., Wheelwright, S.C. i Hyndman, R.J., 2008. *Metody prognozowania i zastosowania*. John wiley i synowie

[30]. G. E. P. Box, G. M. Jenkins, i G. C. Reinsel, 2008. *Analiza szeregów czasowych: Prognozowanie i kontrola*

[31]. Wei, W.W., 2006. Analiza szeregów czasowych. W *The Oxford Handbook of Quantitative Methods in Psychology:* Vol. 2.

[32]. Box, G.E.P. i D.R. Cox., 1969. Analiza transformacji. Dziennik Królewskiego Towarzystwa Statystycznego B 26, s. 211-243.

[33]. Soares, L.J. i Medeiros, M.C., 2008. Modelowanie i prognozowanie krótkoterminowego obciążenia elektrycznego: Porównanie metod z zastosowaniem do danych brazylijskich. *International Journal of Forecasting*, 24(4), s. 630-644.

[34]. Mohamed, N., Ahmad, M.H. i Ismail, Z., 2010. Krótkoterminowe prognozowanie obciążeń przy użyciu podwójnego sezonowego modelu ARIMA. In *Proceedings of the Regional Conference on Statistical Sciences* (Vol. 10, pp.57-73).

[35]. Kim, S.Y., Jung, H.W., Park, J.D., Baek, S.M., Kim, W.S., Chon, K.H. i Song, K.B., 2014. Weekly Maximum Electric Load Forecasting for

104 Weeks by Seasonal ARIMA Model. *Journal of the Korean Institute of Illuminating and Electrical Installation Engineers*, 28(1), pp.50-56.

[36]. Hassan, S.N., Ahmad, M.H. i Mohamed, N., 2012. Porównanie wyników prognozowanych dla dwukrotnie sezonowego modelu ARIMA i dwukrotnie sezonowego modelu ARFIMA zapotrzebowania na energię elektryczną. *Applied Mathematical Sciences*, 6(135), s. 6705-6712.

[37]. Walpole, R.E., 1995. Pengantar Statistika edisi ke-3. Dżakarta: Gramedia Pustaka Utama

[38]. Mohamed, N. i Ahmad, M.H., Suhartono, & Ismail, Z.(2011). Ulepszenie prognozowania krótkookresowego obciążenia przy użyciu dwusezonowego modelu Arima. *World Applied Sciences Journal*, 15(2), s. 223-231.

[39]. Cryer, J.D. i Chan, K.S., 2008. *Analiza szeregów czasowych. Z aplikacjami w R*. Springer.

[40]. Mado, I. i Soeprijanto, A., Projekt solidnego, rozmytego sterownika dla SMIB opartego na modelu klastra mocy z analizą szeregów czasowych. W roku *2014 Electrical Power, Electronics, Communicatons, Control and Informatics Seminarium (EECCIS)*, str. 8-15, IEEE, 2014.

[41]. Mado, I., Soeprijanto, A. , i Suhartono, 2015. Grupowanie danych o obciążeniach elektrycznych w pjb up gresik na podstawie analizy szeregów czasowych. *The 1st International Conference on*

Vocational Education and Electrical Engineering, Surabaya, Indonezja, s. 261-266. http://digilib.unimed.ac.id/23841/1/Fulltext.pdf

[42]. Mado, I. , Soeprijanto, A. , i Suhartono, 2018. Zastosowanie modelu podwójnej sezonowej arimy do prognozowania zapotrzebowania na energię elektryczną w pt. pln gresik indonesia. *International Journal of Electrical and Computer Engineering*, 8(6), str. 4892-4901. ISSN: 2088-8708. DOI: 10.11591/ijece.v8i6.

ZAŁĄCZNIK
#1

```
System SAS       13:51 Niedziela, 21 listopada 2019   r. 1
                          Procedura ARIMA
                          Nazwa zmiennej = Zt
                          Okres(y) różnicy                  1        ,48
                          Średnia z serii          roboczej         -1
.03E-7
                          Odchylenie                    standardowe 0,003602
                          Liczba uwa                    g 50111
                          Obserwacja(-e) wyeliminowana(-e) przez
zróżnicowanie          49

                                            Autokorelacje
K   orelacja   kowariancji opóźnienia   -1 9 8 7 6 5 4 3 2 1 0 1 2 3 4 5 6 7 8 9 1
Std Błąd
 0   0.00001297      1.00000    | |********************                    *| 0
 1   2.32817E-6      0.17946    | |****                       |   0.0044672
 2   -7.7265E-7      -.05956    |           *|                |   0.0046088
 3   -5.9109E-7      -.04556    |            *|               | 0.0046241
 4   -4.5541E-7      -.03510    |           *|                | 0.0046331
 5   -4.0127E-7      -.03093    |           *|           |        0.0046384
 6    -9.779E-8      -.00754    |                         |       | 0.0046425
 7   -3.0013E-7      -.02313     |                         |      | 0.0046427
 8   -3.0334E-7      -.02338     |                         |       | 0.0046450
 9   -9.4133E-8      -.00726    |  |                         |     0.0046474
10   -9.0598E-8      -.00698    |  |                       |        0.0046476
11   -2.8872E-7      -.02226     |                       |      | 0.0046478
12   -1.9799E-7      -.01526   ||                          |    0.0046500
13   -4.2954E-8      -.00331    |  |                        |        0.0046510
14   -1.1691E-7      -.00901   |   |                      |        0.0046510
15   -1.4946E-7      -.01152     |                       |      | 0.0046514
16   -7.5701E-8      -.00584    |  |                        |        0.0046519
17   -1.5555E-7      -.01199     |                      |       | 0.0046521
18   -3.5842E-7      -.02763    |           *|                | 0.0046527
19    3.603E-7        .02777    |           *|            |    0.0046560
20   -2.2676E-7      -.01748     |                       |      | 0.0046593
```

21 -8.6452E-8 -.00666 | | | 0.0046606
22 -1.1094E-7 -.00855 | | | 0.0046608
23 -4.8283E-8 -.00372 | | | 0.0046611
24 -4.0954E-8 -.00316 | | | 0.0046611

Autokorelacje odwrotne (Inverse Autocorrelations)

K orelacja opóźnienia -1 9 8 7 6 5 4 3 2 1 0 1 2 3 4 5 6 7 8 9 1

1 -0.19153 | ****| |
2 0.09601 | |** |
3 0.01912 | | |
4 0.02672 | |* |
5 0.03373 | |* |
6 0.00162 | | |
7 0.02792 | |* |
8 0.02192 | | |
9 0.01028 | |
|
10 0.00885 | | |
11 0.02398 | | |
12 0.01596 | | |
13 0.00590 | | |
14 0.01354 | | |
15 0.01561 | | |
16 0.00887 | | |
17 0.01069 | | |
18 0.02254 | | |
19 0.01975 | | |
20 0.01552 | | |
21 0.00476 | | |
22 0.01337 | | |
23 0.00362 | | |
24 0.00778 | | |

System SAS 13:51 Niedziela, 21 listopada 2019 r. 2

Procedura ARIMA

Autokorelacje częściowe

K orelacja opóźnienia -1 9 8 7 6 5 4 3 2 1 0 1 2 3 4 5 6 7 8 9 1

1 0.17946 | |**** |
2 -0.09482 | **|
|
3 -0.01756 | | |
4 -0.02974 | *|
|
5 -0.02480 | | |
6 -0.00265 | | |
7 -0.02842 | *|
|

8 -0.01771 | | |
9 -0.00531 | | |
10 -0.01085 | | |
11 -0.02375 | |
|
12 -0.01134 | |
|
13 -0.00420 | | |
14 -0.01324 | |
|
15 -0.01208 | |
|
16 -0.00645 | | |
17 -0.01464 | |
|
18 -0.02797 | *|
|
19 -0.02391 | |
|
20 -0.01587 | |
|
21 -0.00905 | | |
22 -0.01481 | |
|
23 -0.00691 | | |
24 -0.00818 | | |

Kontrola autokorelacji na obecność białego szumu

Do Chi- DF Pr > Autokorelacje ------
Lag Square ChiSq
6 2008 .28 6 <.0001 0.179 -0 .060 -0 .046 -0 .035 -0
.031 -0 .008
12 2104.09 12 <.0001 -0 . 023 -0.0 23 -0. 007 -0. 007 -0.
022 -0. 015
18 2162.54 18 <.0001 -0.003 -0 .009 -0 .012 -0 .006 -0
.012 -0 .028
24 2223.61 24 <.0001 -0 .028 -0. 017 -0. 007 -0. 009 -0.
004 -0. 003

Warunkowe Oszacowanie najmniejszych kwadratów (Least Squares)
Przybliżenie standardowe

Parametr Oszacowani e Błą d t Wartość Pr > |t|
Opóźnienie
MA1,1 0,93406 0,01770 52 ,78 < 0001 1
MA1,2 -0,07673 0,0072138 -10,64 <,0001 3
MA1,3 0,0083210 0,0038171 2,18 0 ,0293 13
MA1,4 0,0068484 0,0031724 2,16 0 ,0309 21
MA1,5 0,01650 0 ,0027856 5,92 <,0001 27
MA1,6 0,05860 0,0067600 8,67 <,0001 46
MA2,1 0,97769 0,0009744 1003,38 < 0001 48

MA3,1 -0,03639 0 ,0045572 -7,98 <,0001 336
AR1,1 1 1,14639 0,0185 5 61 ,81 < 0001 1

Warunkowe Oszacowanie najmniejszych kwadratów (Least
Squares)
Przybliżenie standardowe
Parametr Oszacowanie Błą d t Wartość Pr > |t|
Opóźnienie
AR1,2 -0,29543 0 ,0087427 -33,79 <,0001 2
AR1,3 -0,01044 0 ,0052195 -2,00 0,0454 5
AR1,4 0,01892 0 ,0067496 2,80 0,0051 6
AR1,5 -0,02341 0 ,0047509 -4,93 <,0001 7
AR1,6 -0,0039560 0,0030582 -1,29 0,1958 11
AR1,7 -0,0083079 0,0033299 -2,49 0,0126 16
AR1,8 -0,01253 0,0033252 -3,77 0,0002 18
AR1,9 -0,0073523 0,0022520 -3,26 0,0011 35
AR1,10 0,07124 0 ,0067089 10,62 <,0001 46
AR2,1 0,02955 0,0050410 5,86 <,0001 48

Korelacje szacunków parametrów
Parametr MA1,1 MA1,2 MA1,3 MA1,4 MA1,5 MA1,6 MA2,1 MA3,1
AR1,1 AR1,2
MA1,1 1 1.000 -0,641 -0,283 -0,449 -0,462 -0,586 -0,025 -0,001 0,971
-0,683
MA1,2 -0,641 1,000 0,064 0,132 0,134 0,220 0 ,004 0,001 -0,663
0,814
MA1,3 -0,283 0,064 1,000 0,010 -0,012 0,085 -0,011 0,001 -0,266
0,115
MA1,4 -0,449 0,132 0,010 1,000 -0,012 0,206 0,007 0,000 -0,425
0,199
MA1,5 -0,462 0,134 -0,012 -0,012 1,000 0,194 0,025 0,001 -0,437
0,212
MA1,6 -0,586 0,220 0,085 0,206 0,194 1,000 0,031 0,005 -0 ,560
0,314
MA2,1 -0,025 0,004 -0,011 0,007 0,025 0,031 1,000 -0,185 -0
,019 0,004
MA3,1 -0,001 0,001 0,001 0,0 00 0,001 0,005 -0,185 1,000 0
,004 -0,006
AR1,1 0,971 -0,663 -0,266 -0,425 -0,437 -0,560 -0,019 0,004 1,000
-0,798
AR1,2 -0,683 0,814 0,115 0,199 0,212 0,314 0,004 -0,006 -0
,798 1,000
AR1,3 -0,041 0,283 -0,046 -0,059 -0,052 -0,027 -0,006 0,00 6 -0
,033 0,033
AR1,4 0,056 -0,091 0,005 -0,012 -0,012 -0,018 -0,003 -0,004 0,053
-0,034
AR1,5 0,147 -0,027 -0,110 -0,070 -0,096 -0,073 0,005 -0,001 0,140
-0,058
AR1,6 0,193 -0,076 0,537 -0,220 -0,241 -0,147 -0,021 0,006 0,187
-0,099
AR1,7 0,124 -0,039 0,367 -0,250 -0,140 -0,079 -0,00 4 -0,004 0,119
-0,063
AR1,8 0,222 -0,096 -0,124 0,308 -0,235 -0,158 -0,011 0,003 0,217
-0,124
AR1,9 0,41 5 -0,115 0,044 -0,186 -0,132 -0,358 -0,014 -0,004 0,397
-0,188

AR1,10 -0,646 0,262 0,161 0,269 0,234 0,940 0,052 0,001 -0,626
0,358
AR2,1 0,093 -0,044 -0,055 -0,066 -0,043 -0,057 0,161 -0,022 0,083
-0,030

Korelacje szacunków parametrów

Parametr AR1,3 AR1,4 AR1,5 AR1,6 AR1,7 AR1,8 AR1,9 AR1,10
AR2,1
MA1,1 -0,041 0,056 0,147 0,193 0,124 0,222 0,415 -0,646 0,093
MA1,2 0,283 -0,091 -0,027 -0,076 -0,039 -0,096 -0,115 0,262 -0,044
MA1,3 -0,046 0,005 -0,110 0,537 0,367 -0,124 0,044 0,161 -0,055
MA1,4 -0,059 -0,012 -0,070 -0,220 -0,250 0,308 -0,186 0,269 -
0,066
MA1,5 -0,052 -0,012 -0,096 -0,241 -0,140 -0,235 -0,132 0,234 -
0,043
MA1,6 -0,027 -0,018 -0,073 -0,147 -0,079 -0,158 -0,358 0,940 -
0,057
MA2,1 -0,006 -0,003 0,005 -0,021 -0,004 -0,011 -0,014 0,052 0,161
MA3,1 0,006 -0,004 -0,001 0,006 -0,004 0 ,003 -0,004 0,001 -
0,022
AR1,1 -0,033 0,053 0,140 0,187 0,119 0 ,217 0,39 7 -0 ,626
0,083
AR1,2 0,033 -0,034 -0,058 -0,099 -0,063 -0,124 -0,188 0 ,358 -
0,030
AR1,3 1.000 -0,719 0,260 0,011 0,023 0 ,002 0,05 2 -0 ,025
0,003
AR1,4 -0,719 1,000 -0,736 0,075 0,001 0 ,010 0,01 1 -0 ,021
0,002
AR1,5 0,260 -0,736 1,000 -0,237 0,025 0 ,049 0,06 9 -0 ,085
0,017
AR1,6 0,011 0,07 5 -0,237 1,000 0,105 0 ,075 0,240 -0 ,121 -
0,007
AR1,7 0,023 0,001 0,025 0,105 1,000 -0 ,597 0,160 -0 ,070
0,004
AR1,8 0,002 0,010 0,049 0,07 5 -0,597 1,000 0,179 -0 ,144 -
0,003
AR1,9 0,052 0,011 0,069 0,240 0,160 0 ,179 1,000 -0 ,348
0,029
AR1,10 -0,025 -0,021 -0,085 -0,121 -0,070 -0 ,144 -0,348 1,000 -
0,190
AR2,1 0,003 0,002 0,017 -0,007 0,004 -0 ,003 0,029 -0,190
1,000

Autokorelacja Kontrola szczątków (Autocorrelation Check of Residuals)

Do Chi- Pr >
Lag Square DF ChiSq -------------------- Autokorelacje--------------------
6 . 0 . 0.000 0.000 -0.002 0.004 0.001
0.002
12 . 0 . -0.005 -0.002 0.008 0.000 -0.007
-0.004
18 . 0 . 0.005 0.001 -0.008 0.001 -0.003
-0.003
24 18.10 5 0.0028 -0.007 -0.000 0.001 0.003 -0.001
0.002
30 24.78 11 0.0098 -0.005 -0.005 -0.002 0.009 0.001 -
0.001

36 31.03 17 0.0198 -0.005 -0.004 -0.000 -0.001 -0.004
0.008
42 33.77 23 0.0686 -0.000 -0.005 0.004 0.000 0.000
0.004
48 37.61 29 0.1314 0.005 0.006 -0.002 -0.002 0.003 -
0.000

Model dla zmiennej Zt
Okres(y) różnicy 1,48
W tym modelu nie ma takiego
określenia.

Czynniki autoregresywne
Czynnik 1: 1 - 1,14639 B**(1) + 0,29543 B**(2) + 0,01044 B**(5) - 0,01892 B**(6) + 0,02341 B**(7) + 0,00396 B**(11) + 0,00831 B**(16) + 0,01253 B**(18) + 0,00735 B**(35) - 0,07124 B**(46)
Czynnik 2: 1 - 0,02955 B**(48)

Czynniki wpływające na średnią kroczącą (Moving Average Factors)
Czynnik 1: 1 - 0,93406 B**(1) + 0,07673 B**(3) - 0,00832 B**(13) - 0,00685 B**(21) - 0,0165 B**(27) - 0,0586 B**(46)
Czynnik 2: 1 - 0,97769 B**(48)
Czynnik 3: 1 + 0,03639 B**(336)

System SAS 13:51 Niedziela, 21 listopada 2019 r. 5

Procedura ARIMA
Prognozy dla zmiennej Zt

Obserwacja	prognozy	Błąd Std	95% Limity ufności	
50161	0.4683	0.0026	0.4633	0.4734
50162	0.4701	0.0040	0.4621	0.4780
50163	0.4705	0.0050	0.4606	0.4803
50164	0.4707	0.0058	0.4593	0.4820
50165	0.4708	0.0064	0.4582	0.4834
50166	0.4712	0.0070	0.4575	0.4848
50167	0.4713	0.0074	0.4567	0.4859
50168	0.4716	0.0079	0.4562	0.4870
50169	0.4718	0.0083	0.4556	0.4880

0.4884	50170	0.4715	0.0086	0.4547
0.4887	50171	0.4712	0.0089	0.4537
0.4896	50172	0.4716	0.0092	0.4535
0.4913	50173	0.4727	0.0095	0.4541
0.4925	50174	0.4734	0.0097	0.4543
0.4933	50175	0.4738	0.0100	0.4542
0.4931	50176	0.4731	0.0102	0.4532
0.4917	50177	0.4714	0.0104	0.4510
0.4910	50178	0.4702	0.0106	0.4495
0.4905	50179	0.4694	0.0108	0.4483
0.4898	50180	0.4684	0.0109	0.4469
0.4889	50181	0.4672	0.0111	0.4454
0.4875	50182	0.4655	0.0112	0.4435
0.4870	50183	0.4647	0.0114	0.4425
0.4864	50184	0.4639	0.0115	0.4414
0.4873	50185	0.4646	0.0116	0.4419
0.4892	50186	0.4662	0.0117	0.4433
0.4893	50187	0.4661	0.0118	0.4429
0.4880	50188	0.4646	0.0119	0.4413
0.4868	50189	0.4632	0.0120	0.4396
0.4866	50190	0.4628	0.0121	0.4391
0.4870	50191	0.4631	0.0122	0.4392
0.4872	50192	0.4631	0.0123	0.4390
0.4869	50193	0.4626	0.0124	0.4384
0.4867	50194	0.4622	0.0125	0.4378
0.4867	50195	0.4621	0.0125	0.4375

0.4853	50196	0.4605	0.0126	0.4358
0.4819	50197	0.4570	0.0127	0.4321
0.4789	50198	0.4538	0.0128	0.4288
0.4786	50199	0.4534	0.0129	0.4282
0.4791	50200	0.4538	0.0129	0.4284
0.4798	50201	0.4543	0.0130	0.4289
0.4809	50202	0.4552	0.0131	0.4296
0.4820	50203	0.4563	0.0131	0.4305
0.4835	50204	0.4576	0.0132	0.4317
0.4855	50205	0.4595	0.0133	0.4334
0.4883	50206	0.4622	0.0134	0.4360
0.4900	50207	0.4637	0.0134	0.4373
0.4925	50208	0.4660	0.0135	0.4396
0.4947	50209	0.4680	0.0136	0.4413
0.4964	50210	0.4694	0.0137	0.4425
0.4969	50211	0.4697	0.0139	0.4425
0.4973	50212	0.4699	0.0140	0.4425
0.4977	50213	0.4700	0.0141	0.4424
0.4981	50214	0.4703	0.0142	0.4424
0.4986	50215	0.4705	0.0143	0.4424
0.4991	50216	0.4707	0.0144	0.4424
0.4995	50217	0.4709	0.0146	0.4424
0.4994	50218	0.4707	0.0147	0.4420
0.4994	50219	0.4705	0.0148	0.4415
0.4999	50220	0.4708	0.0149	0.4417
0.5009	50221	0.4716	0.0149	0.4423

50222	0.4722	0.0150	0.4428	0.5017
50223	0.4723	0.0151	0.4426	0.5019
50224	0.4714	0.0152	0.4416	0.5012
50225	0.4695	0.0153	0.4395	0.4994
50226	0.4682	0.0154	0.4381	0.4983
50227	0.4672	0.0154	0.4370	0.4975
50228	0.4661	0.0155	0.4357	0.4965
50229	0.4650	0.0156	0.4345	0.4955
50230	0.4634	0.0156	0.4327	0.4940
50231	0.4626	0.0157	0.4319	0.4934
50232	0.4619	0.0157	0.4310	0.4928
50233	0.4627	0.0158	0.4317	0.4936
50234	0.4644	0.0159	0.4334	0.4955
50235	0.4643	0.0159	0.4331	0.4955
50236	0.4625	0.0160	0.4312	0.4937
50237	0.4609	0.0160	0.4295	0.4923
50238	0.4610	0.0161	0.4296	0.4925
50239	0.4614	0.0161	0.4298	0.4929
50240	0.4612	0.0162	0.4296	0.4929
50241	0.4607	0.0162	0.4289	0.4925
50242	0.4606	0.0163	0.4288	0.4925
50243	0.4607	0.0163	0.4287	0.4926
50244	0.4595	0.0164	0.4274	0.4915
50245	0.4564	0.0164	0.4242	0.4885
50246	0.4534	0.0164	0.4211	0.4856
50247	0.4532	0.0165	0.4209	0.4855

50248	0.4534	0.0165	0.4210	0.4858
50249	0.4538	0.0166	0.4213	0.4863
50250	0.4545	0.0166	0.4219	0.4871
50251	0.4555	0.0167	0.4229	0.4882
50252	0.4568	0.0167	0.4240	0.4895
50253	0.4586	0.0168	0.4258	0.4915
50254	0.4612	0.0168	0.4282	0.4941
50255	0.4630	0.0169	0.4300	0.4960
50256	0.4656	0.0169	0.4325	0.4987
50257	0.4678	0.0170	0.4346	0.5011
50258	0.4692	0.0170	0.4359	0.5026
50259	0.4696	0.0171	0.4361	0.5030
50260	0.4697	0.0171	0.4361	0.5033
50261	0.4699	0.0172	0.4362	0.5036
50262	0.4701	0.0173	0.4363	0.5039
50263	0.4703	0.0173	0.4363	0.5042
50264	0.4705	0.0174	0.4365	0.5046
50265	0.4707	0.0174	0.4365	0.5049
50266	0.4705	0.0175	0.4362	0.5048
50267	0.4702	0.0176	0.4358	0.5047
50268	0.4706	0.0176	0.4361	0.5051
50269	0.4714	0.0177	0.4368	0.5061
50270	0.4721	0.0177	0.4373	0.5068
50271	0.4721	0.0178	0.4373	0.5070
50272	0.4711	0.0178	0.4361	0.5060
50273	0.4690	0.0179	0.4339	0.5040

0.5026	50274	0.4675	0.0179	0.4323
0.5016	50275	0.4664	0.0180	0.4311
0.5005	50276	0.4651	0.0180	0.4298
0.4993	50277	0.4639	0.0181	0.4285
0.4979	50278	0.4624	0.0181	0.4269
0.4974	50279	0.4618	0.0182	0.4262
0.4967	50280	0.4611	0.0182	0.4254
0.4977	50281	0.4619	0.0182	0.4262
0.4997	50282	0.4639	0.0183	0.4280
0.4996	50283	0.4637	0.0183	0.4278
0.4979	50284	0.4619	0.0184	0.4259
0.4964	50285	0.4604	0.0184	0.4243
0.4967	50286	0.4605	0.0184	0.4243
0.4971	50287	0.4609	0.0185	0.4247
0.4972	50288	0.4609	0.0185	0.4246
0.4967	50289	0.4603	0.0186	0.4239
0.4968	50290	0.4603	0.0186	0.4238
0.4970	50291	0.4604	0.0186	0.4239
0.4959	50292	0.4593	0.0187	0.4227
0.4929	50293	0.4562	0.0187	0.4195
0.4900	50294	0.4533	0.0187	0.4165
0.4901	50295	0.4533	0.0188	0.4165
0.4904	50296	0.4535	0.0188	0.4166
0.4908	50297	0.4538	0.0189	0.4169
0.4915	50298	0.4545	0.0189	0.4175
0.4926	50299	0.4555	0.0189	0.4184

0.4940	50300	0.4568	0.0190	0.4196
0.4958	50301	0.4586	0.0190	0.4213
0.4985	50302	0.4612	0.0190	0.4239
0.5003	50303	0.4629	0.0191	0.4255
0.5031	50304	0.4656	0.0191	0.4282
0.5052	50305	0.4677	0.0192	0.4301
0.5067	50306	0.4691	0.0192	0.4314
0.5071	50307	0.4693	0.0193	0.4316
0.5073	50308	0.4695	0.0193	0.4316
0.5076	50309	0.4696	0.0193	0.4317
0.5079	50310	0.4699	0.0194	0.4319
0.5082	50311	0.4701	0.0194	0.4320
0.5086	50312	0.4704	0.0195	0.4322
0.5088	50313	0.4705	0.0195	0.4322
0.5086	50314	0.4702	0.0196	0.4319
0.5085	50315	0.4701	0.0196	0.4316
0.5089	50316	0.4704	0.0197	0.4318
0.5098	50317	0.4712	0.0197	0.4325
0.5106	50318	0.4719	0.0198	0.4332
0.5106	50319	0.4718	0.0198	0.4330
0.5097	50320	0.4709	0.0198	0.4320
0.5076	50321	0.4686	0.0199	0.4297
0.5064	50322	0.4674	0.0199	0.4283
0.5054	50323	0.4662	0.0200	0.4271
0.5042	50324	0.4650	0.0200	0.4258
0.5030	50325	0.4637	0.0200	0.4244

0.5015	50326	0.4621	0.0201	0.4228
0.5010	50327	0.4615	0.0201	0.4221
0.5004	50328	0.4609	0.0202	0.4214
0.5015	50329	0.4619	0.0202	0.4224
0.5034	50330	0.4637	0.0202	0.4241
0.5032	50331	0.4635	0.0203	0.4238
0.5015	50332	0.4618	0.0203	0.4220
0.5002	50333	0.4604	0.0203	0.4205
0.5004	50334	0.4605	0.0204	0.4206
0.5009	50335	0.4609	0.0204	0.4209
0.5009	50336	0.4608	0.0204	0.4208
0.5004	50337	0.4603	0.0205	0.4201
0.5005	50338	0.4603	0.0205	0.4201
0.5006	50339	0.4604	0.0205	0.4201
0.4995	50340	0.4592	0.0206	0.4189
0.4965	50341	0.4561	0.0206	0.4157
0.4936	50342	0.4531	0.0206	0.4127
0.4936	50343	0.4530	0.0207	0.4125
0.4937	50344	0.4531	0.0207	0.4125
0.4943	50345	0.4536	0.0208	0.4129
0.4951	50346	0.4544	0.0208	0.4136
0.4963	50347	0.4554	0.0208	0.4146
0.4975	50348	0.4566	0.0209	0.4158
0.4994	50349	0.4584	0.0209	0.4175
0.5021	50350	0.4611	0.0209	0.4201
0.5039	50351	0.4628	0.0210	0.4217

0.5066
0.5087
0.5103
0.5105
0.5108
0.5110
0.5114
0.5117
0.5121
0.5124
0.5121
0.5119
0.5123
0.5132
0.5141
0.5141
0.5132
0.5110
0.5097
0.5087
0.5076
0.5064
0.5048
0.5042
0.5036
0.5046

50352	0.4654	0.0210	0.4243
50353	0.4675	0.0210	0.4263
50354	0.4690	0.0211	0.4276
50355	0.4692	0.0211	0.4278
50356	0.4694	0.0212	0.4279
50357	0.4695	0.0212	0.4279
50358	0.4698	0.0212	0.4282
50359	0.4700	0.0213	0.4283
50360	0.4703	0.0213	0.4286
50361	0.4705	0.0214	0.4287
50362	0.4702	0.0214	0.4283
50363	0.4699	0.0214	0.4279
50364	0.4702	0.0215	0.4281
50365	0.4711	0.0215	0.4289
50366	0.4718	0.0215	0.4296
50367	0.4718	0.0216	0.4295
50368	0.4708	0.0216	0.4284
50369	0.4686	0.0217	0.4261
50370	0.4672	0.0217	0.4247
50371	0.4661	0.0217	0.4235
50372	0.4649	0.0218	0.4222
50373	0.4636	0.0218	0.4209
50374	0.4620	0.0218	0.4192
50375	0.4613	0.0219	0.4184
50376	0.4607	0.0219	0.4177
50377	0.4616	0.0220	0.4185

0.5067	50378	0.4636	0.0220	0.4205
0.5065	50379	0.4633	0.0220	0.4202
0.5046	50380	0.4614	0.0221	0.4182
0.5033	50381	0.4600	0.0221	0.4167
0.5035	50382	0.4601	0.0221	0.4168
0.5039	50383	0.4605	0.0222	0.4171
0.5040	50384	0.4605	0.0222	0.4170
0.5035	50385	0.4600	0.0222	0.4164
0.5036	50386	0.4599	0.0223	0.4163
0.5040	50387	0.4603	0.0223	0.4166
0.5029	50388	0.4591	0.0223	0.4154
0.4997	50389	0.4559	0.0224	0.4121
0.4969	50390	0.4530	0.0224	0.4092
0.4969	50391	0.4529	0.0224	0.4090
0.4971	50392	0.4531	0.0225	0.4091
0.4975	50393	0.4534	0.0225	0.4093
0.4982	50394	0.4541	0.0225	0.4099
0.4993	50395	0.4551	0.0226	0.4109
0.5007	50396	0.4565	0.0226	0.4122
0.5025	50397	0.4582	0.0226	0.4139
0.5051	50398	0.4607	0.0227	0.4163
0.5068	50399	0.4623	0.0227	0.4178
0.5093	50400	0.4648	0.0227	0.4203
0.5115	50401	0.4669	0.0228	0.4223
0.5129	50402	0.4682	0.0228	0.4235
0.5132	50403	0.4683	0.0228	0.4237

50404	0.4686	0.0229	0.4238	0.5134
50405	0.4687	0.0229	0.4238	0.5136
50406	0.4690	0.0229	0.4240	0.5139
50407	0.4692	0.0230	0.4241	0.5142
50408	0.4694	0.0230	0.4243	0.5145
50409	0.4696	0.0231	0.4244	0.5148
50410	0.4693	0.0231	0.4241	0.5146
50411	0.4690	0.0231	0.4236	0.5143
50412	0.4695	0.0232	0.4241	0.5149
50413	0.4703	0.0232	0.4248	0.5158
50414	0.4710	0.0232	0.4254	0.5165
50415	0.4710	0.0233	0.4254	0.5167
50416	0.4701	0.0233	0.4244	0.5158
50417	0.4681	0.0233	0.4223	0.5138
50418	0.4668	0.0234	0.4210	0.5127
50419	0.4658	0.0234	0.4199	0.5117
50420	0.4644	0.0234	0.4184	0.5104
50421	0.4633	0.0235	0.4172	0.5093
50422	0.4617	0.0235	0.4156	0.5078
50423	0.4611	0.0236	0.4149	0.5073
50424	0.4605	0.0236	0.4143	0.5067
50425	0.4615	0.0236	0.4152	0.5077
50426	0.4634	0.0237	0.4170	0.5097
50427	0.4631	0.0237	0.4167	0.5096
50428	0.4612	0.0237	0.4147	0.5077
50429	0.4598	0.0238	0.4132	0.5063

0.5066	50430	0.4599	0.0238	0.4133
0.5070	50431	0.4604	0.0238	0.4137
0.5071	50432	0.4603	0.0238	0.4136
0.5066	50433	0.4598	0.0239	0.4130
0.5066	50434	0.4598	0.0239	0.4129
0.5070	50435	0.4601	0.0239	0.4131
0.5059	50436	0.4589	0.0240	0.4119
0.5028	50437	0.4557	0.0240	0.4087
0.4999	50438	0.4528	0.0240	0.4057
0.4999	50439	0.4527	0.0241	0.4055
0.5002	50440	0.4529	0.0241	0.4057
0.5006	50441	0.4533	0.0241	0.4060
0.5014	50442	0.4540	0.0242	0.4066
0.5026	50443	0.4551	0.0242	0.4077
0.5038	50444	0.4563	0.0242	0.4088
0.5055	50445	0.4579	0.0243	0.4104
0.5081	50446	0.4605	0.0243	0.4129
0.5099	50447	0.4622	0.0243	0.4145
0.5126	50448	0.4648	0.0244	0.4171
0.5147	50449	0.4669	0.0244	0.4191
0.5164	50450	0.4685	0.0244	0.4206
0.5168	50451	0.4688	0.0245	0.4209
0.5170	50452	0.4690	0.0245	0.4210
0.5172	50453	0.4691	0.0245	0.4210
0.5176	50454	0.4694	0.0246	0.4212
0.5178	50455	0.4696	0.0246	0.4213

0.5181	50456	0.4698	0.0247	0.4215
0.5184	50457	0.4700	0.0247	0.4216
0.5182	50458	0.4698	0.0247	0.4213
0.5181	50459	0.4695	0.0248	0.4210
0.5185	50460	0.4699	0.0248	0.4213
0.5194	50461	0.4707	0.0248	0.4220
0.5201	50462	0.4714	0.0249	0.4226
0.5202	50463	0.4714	0.0249	0.4226
0.5194	50464	0.4705	0.0249	0.4216
0.5174	50465	0.4685	0.0250	0.4196
0.5162	50466	0.4672	0.0250	0.4182
0.5152	50467	0.4662	0.0250	0.4171
0.5142	50468	0.4650	0.0251	0.4159
0.5131	50469	0.4639	0.0251	0.4147
0.5115	50470	0.4622	0.0251	0.4129
0.5109	50471	0.4616	0.0252	0.4122
0.5102	50472	0.4608	0.0252	0.4114
0.5112	50473	0.4617	0.0252	0.4123
0.5130	50474	0.4635	0.0253	0.4140
0.5128	50475	0.4632	0.0253	0.4137
0.5111	50476	0.4615	0.0253	0.4119
0.5098	50477	0.4601	0.0254	0.4104
0.5100	50478	0.4603	0.0254	0.4105
0.5105	50479	0.4607	0.0254	0.4109
0.5106	50480	0.4607	0.0255	0.4108
0.5101	50481	0.4602	0.0255	0.4102

50482	0.4601	0.0255	0.4101	0.5101
50483	0.4601	0.0255	0.4100	0.5102
50484	0.4589	0.0256	0.4088	0.5091
50485	0.4557	0.0256	0.4055	0.5059
50486	0.4527	0.0256	0.4024	0.5029
50487	0.4525	0.0257	0.4022	0.5029
50488	0.4528	0.0257	0.4024	0.5031
50489	0.4532	0.0257	0.4027	0.5036
50490	0.4540	0.0258	0.4035	0.5045
50491	0.4550	0.0258	0.4045	0.5056
50492	0.4563	0.0258	0.4057	0.5069
50493	0.4581	0.0259	0.4074	0.5087
50494	0.4607	0.0259	0.4099	0.5115
50495	0.4623	0.0259	0.4115	0.5131
50496	0.4648	0.0260	0.4139	0.5157

ZAŁĄCZNIK #2

Statystyki opisowe: Moc czynna

Zmienna	średnia	StDev	Minimum	Q1	Mediana	Q3	Maksimum
Moc czynna	290,46	82,90	29,35	238,88	290,02	347,30	470,47

Statystyki opisowe: Moc czynna

Zmienne	Zacięcie	Średnia	StDev	Minimalna	Q1	Mediana	Q3	Maksymalna
Moc czynna	0:00	273,35	68,73	50,50	236,31	276,82	311,25	463,14
	0:30	270,72	66,78	45,75	235,75	274,70	310,18	463,10
	1:00	269,04	66,09	45,75	235,18	273,95	309,17	464,07
	1:30	267,96	65,50	45,80	235,16	273,75	307,88	464,31
	2:00	267,37	64,82	45,75	234,27	271,30	308,03	468,57
	2:30	266,76	64,08	45,80	232,54	270,32	308,16	469,53
	3:00	265,80	63,72	45,75	232,28	269,38	306,71	470,23
	3:30	265,15	63,69	45,80	231,38	269,49	306,83	470,47
	4:00	264,93	63,73	45,45	231,16	269,82	306,12	468,27
	4:30	266,37	64,08	45,45	233,45	269,95	306,58	458,25
	5:00	267,22	64,86	45,45	234,26	270,45	307,44	463,61
	5:30	268,18	66,61	45,75	233,73	270,95	307,62	467,04
	6:00	265,85	66,61	45,70	231,11	269,84	305,96	464,67
	6:30	262,88	65,17	29,35	226,86	268,37	304,93	455,03
	7:00	261,49	65,63	29,70	222,28	268,03	304,06	447,80
	7:30	267,18	68,17	33,75	228,25	273,47	311,62	453,38
	8:00	274,43	72,50	50,05	231,64	281,77	320,58	461,02
	8:30	281,35	76,63	48,70	237,11	287,83	329,30	465,47
	9:00	285,72	79,97	50,05	238,82	290,00	340,14	467,50
	9:30	289,51	82,41	45,35	239,30	295,82	348,47	461,95
	10:00	293,22	85,36	48,50	240,90	298,38	355,40	465,50
	10:30	296,79	88,27	47,90	240,66	300,70	363,51	463,88
	11.00	298,40	89,99	40,90	240,88	301,40	368,02	463,35
	11:30	297,30	88,67	33,40	240,02	300,65	365,39	462,35
	12.00	290,86	83,42	40,20	237,30	294,88	356,05	463,58
	12:30	286,78	79,88	38,10	236,11	292,55	347,88	458,42
	13:00	291,99	82,72	40,25	239,14	299,38	355,51	461,98
	13:30	301,07	89,90	40,20	241,28	302,97	369,15	464,70
	14:00	302,78	91,40	43,50	241,26	303,15	373,02	468,64
	14:30	301,24	89,82	44,95	240,75	302,15	369,52	466,64
	15:00	299,45	88,33	44,95	240,96	302,02	367,54	467,45
	15:30	299,00	87,38	48,45	240,91	303,33	366,16	467,87
	16:00	300,64	87,64	48,45	240,84	306,60	369,62	467,85
	16:30	301,10	85,80	46,70	242,09	306,88	368,92	468,42
	17:00	303,03	85,73	45,85	243,19	309,95	370,18	468,32
	17:30	309,50	86,97	49,80	244,11	316,28	377,14	466,92
	18:00	322,78	91,83	49,80	246,47	330,16	401,31	470,07
	18:30	331,70	95,46	49,80	247,23	344,38	420,18	469,07

19:00 333,97 96,89 49,80 246,49 349,30 426,04 469,10

19:30 333,31 96,87 49,85 246,60 351,19 426,31 470,18

20:00 330,29 95,89 49,80 246,54 343,00 420,95 469,73

20:30 326,66 94,41 49,60 246,69 334,75 407,20 469,22

21:00 321,15 91,90 49,60 246,45 326,50 396,10 469,39

21:30 311,84 87,70 49,60 245,77 318,43 381,66 462,55

22:00 300,66 82,45 49,60 244,02 306,50 362,33 461,95

22:30 291,76 78,13 49,60 241,30 297,97 346,55 462,41

23:00 284,51 74,61 50,50 239,31 288,38 332,58 463,98

23:30 278,86 71,76 50,55 237,88 282,84 319,03 463,04

Statystyki opisowe: Moc czynna

D ni zmienne Średnia StDev Minimum Q1 Mediana Q3 Mak simum

Moc czynna piątek 300 ,05 83,86 45,00 243 ,30 298,17 360,97 470,47

Czwartek 304,07 83,21 38,10 244 ,32 303,24 366,65 470,18

Niedziela 256 ,50 72,12 29,35 219 ,13 255,31 304,01 460,56

Środa 304,34 83,69 33,40 244 ,88 305,82 367,29 468,14

Sobota 275 ,59 80,58 45,85 230 ,78 271,24 318,59 468,64

Wtorek 300 ,74 80,86 45,05 244 ,26 302,24 358,51 464,75

poniedziałek 291 ,94 83,50 45,35 238 ,88 294,57 349,64 464,10

Statystyki opisowe: Testowanie; Prognoza; Górna; Dolna

Zmienna średnia StDev Minimum Q1 Mediana Q3 Mak simum

Badanie 340,37 44,94 252,46 308 ,77 318,33 368,05 453,16

Prognoza 370,53 36,26 312,91 335 ,64 370,55 390,83 445,75

Górn a 728,43 152,20 371,78 631 ,11 731,89 835,28 1103,45

Niższa 204,12 31,32 152,51 179 ,49 197,83 224 ,15 314,95

Statystyki opisowe: Prognoza:

Czas zmienny Średnia StDev Minimaln a Q1 Mediana Q3 Maksymalna

Prognoza 0:00 346,37 3,03 342,32 344 ,01 345,71 350,29 350,29

0:30 338,03 3,41 332,36 336 ,20 337,85 341,20 342,88

1:00 336,37 3,59 330,20 334 ,55 336,75 339,52 341,20

1:30 335,43 3,68 329,12 333 ,45 335,64 338,41 340,64

2:00 334,80 3,70 328,58 332 ,91 335,10 337,85 340,08

2:30 333,16 3,80 326,44 331 ,28 333,45 336,20 338,41

3:00 332,15 3,64 325,91 330 ,20 332,36 335,10 337,30

3:30 330,83 3,76 324,32 329 ,12 330,74 334,00 336,20

4:00 329,83 3,75 323,26 328 ,04 330,20 332,91 335,10

4:30 331,22 3,77 324,85 329 ,12 331,82 334,00 336,75

5:00 332,62 3,83 326,44 330 ,20 332,36 335,64 338,41

5:30 330,60 3,64 324,32 328 ,58 330,74 333,45 335,64

6:00 326,01 4,03 318,56 324 ,32 326,44 329,12 331,28

6:30 322,38 3,94 314,95 321 ,16 322,74 325,38 327,51

7:00 322,09 4,64 312,91 320 ,64 323,26 325,38 327,51

7:30 326,86 5,09 316,49 325 ,38 328,04 330,20 332,36

8:00 337,91 6,04 325,38 335 ,64 340,64 341,20 343,44

8:30 345,28 6,41 331,82 342 ,88 347,42 348,57 350,87

9:00 351,19 7,08 336,20 348 ,57 354,36 354,94 356,71

9:30 358,23 7,87 341,76 354 ,94 361,45 362,05 365,06

10:00 365,32 8,06 348,57 361 ,45 368,10 369,94 371,78

10:30 375,24 8,11 358,48 371 ,17 378,64 379,91 381,81
11:00 379,44 7,76 363,25 376 ,13 382,45 384,36 385,65
11:30 383,80 7,50 368,10 380 ,54 386,94 388,23 389,53
12:00 378,25 6,82 363,86 375 ,51 380,54 382,45 383,08
12:30 366,93 5,90 354,36 365 ,06 369,32 370,55 371,17
13:00 368,24 6,36 354,94 365 ,67 370,55 372,40 373,02
13:30 379,16 7,26 363,86 376 ,76 381,17 383,72 385,01
14:00 388,39 7,42 372,40 386 ,94 390,18 392,80 394,12
14:30 388,10 6,25 374,88 386 ,29 389,53 392,14 393,46
15:00 385,51 5,90 373,02 383 ,72 386,94 389,53 390,18
15:30 385,88 5,97 373,02 385,01 387,58 389,53 390,83
16:00 389,20 6,05 376,13 388,23 390,83 392,80 394,12
16:30 389,84 5,24 378,64 388,88 390,83 393,46 394,12
17:00 389,00 4,49 379,27 388,23 390,18 392,14 392,14
17:30 397,16 3,65 389,53 396,10 398,09 400,10 400,10
18:00 419,10 3,22 413,08 417,27 419,39 422,23 422,23
18:30 440,81 2,82 436,02 438,99 441,23 443,48 444,23
19:00 441,98 2,45 438,99 439,73 441,98 444,23 445,75
19:30 440,27 2,65 436,02 438,24 441,23 442,73 443,48
20:00 437,30 2,79 432,34 436,02 437,50 439,73 440,48
20:30 431,72 3,07 425,81 430,88 431,61 434,54 434,54
21:00 424,28 3,15 417,97 423,66 424,37 426,53 427,25
21:30 415,18 3,11 408,93 414,47 415,87 417,97 417,97
22:00 403,00 3,51 396,10 402,12 403,47 405,51 406,87
22:30 385,76 3,61 378,64 385,01 385,65 388,23 389,53
23:00 375,25 3,31 369,32 373,64 374,88 378,01 378,64
23:30 359,76 2,90 355,53 357,89 359,07 362,65 362,65

Statystyki opisowe: Prognoza:

D ni zmienne Średnia StDev Minimum Q1 Mediana Q3 Mak simum
Prognoza piątek 375 ,14 35,43 327,51 340 ,22 375,83 394,12 444,23
Czwartek 372 ,81 36,66 323,26 335 ,78 374,90 392,80 442,73
Niedziela 361 ,19 36,81 312,91 326 ,98 357,01 378,64 438,99
Środ a 371,62 36,31 322,74 335 ,23 372,72 390,67 441,98
Sobota 373 ,64 36,27 325,38 337 ,99 375,21 392,14 445,75
Wtorek 370 ,62 36,28 321,68 333 ,73 371,79 390,67 439,73
Poniedziałek 368 ,67 36,54 320,64 333 ,04 368,42 388,23 440,48

Statystyki opisowe: Niedziela; poniedziałek; wtorek; środa; czwartek; piątek; sobota

Zmienn a średnia StDev Minimum Q1 Mediana Q3 Mak simum
Niedziel a 361 ,19 36,81 312,91 326 ,98 357,01 378,64 438,99
Poniedziałe k 368,67 36,54 320,64 333 ,04 368,42 388,23 440,48
Wtore k 370 ,62 36,28 321,68 333 ,73 371,79 390,67 439,73
Środa 371,62 36,31 322,74 335 ,23 372,72 390,67 441,98
Czwarte k 372 ,81 36,66 323,26 335 ,78 374,90 392,80 442,73
Piąte k 375 ,14 35,43 327,51 340 ,22 375,83 394,12 444,23
Sobot a 373 ,64 36,27 325,38 337 ,99 375,21 392,14 445,75

Statystyki opisowe: Min; Q1; Mediana; Q3; Max

Zmienna średnia StDev Minimum Q1 Mediana Q3 Mak simum
Min . 321 ,95 4,66 312,91 320 ,04 322,74 325,38 327,51

Q1 334 ,71 4,20 326,98 333 ,04 335,23 337,99 340,22
Median a 370,84 6,61 357,01 368 ,42 372,72 375,21 375,83
Q 3 389 ,61 5,19 378,64 388 ,23 390,67 392,80 394,12
Maksymalni e 441,98 2,45 438,99 439 ,73 441,98 444,23 445,75

O Autorze

Ismit Mado urodził się w Banjarmasin City, South Borneo, Indonezja. W 1999 roku uzyskał tytuł licencjata w dziedzinie inżynierii elektrycznej na Uniwersytecie Muhammadiyah Malang w Indonezji. W latach 2006 i 2019 uzyskał tytuł magistra inżyniera i doktora inżynierii elektrycznej w Instytucie Technologii w Sepuluh w Surabaya, Indonezja. Od 2001 roku jest wykładowcą na Wydziale Elektrycznym Uniwersytetu na Borneo w Tarakan, miasto Tarakan, Północne Borneo, Indonezja. Jego zainteresowania badawcze obejmują stabilność i kontrolę małych sygnałów w oparciu o analizę szeregów czasowych w zakresie wytwarzania energii elektrycznej.

Printed by Books on Demand GmbH, Norderstedt / Germany